国美好教材

建筑空间速写教程

Sketch Course of Architectural Space

陈 威 著

中国美术学院出版社

责任编辑：徐新红
装帧设计：李　文
责任校对：杨轩飞
责任印制：张荣胜

图书在版编目（ＣＩＰ）数据

建筑空间速写教程 ／ 陈威著. -- 杭州 ： 中国美术
学院出版社，2019.9
国美好教材
ISBN 978 7 5503 2037-6

Ⅰ．①建… Ⅱ．①陈… Ⅲ.①建筑艺术－速写技法－
教材 Ⅳ．①TU204.111

中国版本图书馆 CIP 数据核字(2019)第 194789 号

国美好教材——建筑空间速写教程

陈威　著

出 品 人：祝平凡
出版发行：中国美术学院出版社
地　　　址：中国·杭州市南山路 218 号 ／ 邮政编码：310002
网　　　址：http://www.caapress.com
经　　　销：全国新华书店
制　　　版：杭州海洋电脑制版印刷有限公司
印　　　刷：浙江省邮电印刷股份有限公司
版　　　次：2019 年 9 月第 1 版
印　　　次：2019 年 9 月第 1 次印刷
印　　　张：17.5
开　　　本：889mm×1194mm　1 ／ 16
字　　　数：250 千
图　　　数：150 幅
印　　　数：0001 － 2000
书　　　号：ISBN978-7-5503-2037-6
定　　　价：138.00 元

内容简介

建筑空间速写，指的是以建筑空间或建筑物为对象，以速写的方式迅速描绘、记录、表现对象的临场习作。它要求在短时间内，使用如铅笔、水笔等简单的绘画工具，以简练的线条概括扼要地画出建筑空间的形态、光影和构造。不仅是速度上要快捷，同时也要求在观察对象时注意整体性，能敏锐地捕捉建筑空间的特质，有选择性地去表现。它可以记录建筑形态和大致构造，为建筑设计创作收集相关素材；同时也可以作为一种独特的艺术表现形式或设计构思的表现手法。建筑速写作为手头功夫是建筑师的看家本领。好的建筑空间速写与其他绘画形式一样，都具有独立存在的艺术价值。

表面上看，建筑空间速写就是用速写来描绘建筑和空间环境，但它的实质含义更丰富、更宽泛。建筑速写是建筑师进行收集、积累各种设计素材的手段，掌握建筑速写对建筑师来说具有极其重要的意义，它能够提高建筑师对建筑空间形态的敏锐观察力及对形象的提炼、概括能力，提高对建筑造型、比例、尺度的感性判断能力。建筑空间速写可以用来训练建筑师对建筑空间的观察、分析和表现的能力，还可以作为一种独特的艺术语言来进行艺术表现和建筑设计构思和表达：一是训练培养敏锐的观察能力；二是理解建筑空间的整体面貌和感悟空间的尺度细节；三是收集设计素材和储存丰富的形象信息；另外，熟练的运用速写手绘语言，将建筑设计创意、构思快速表达出来，也是建筑师素养的一种体现。

《建筑空间速写教程》对建筑速写从工具、构图、画法、表现等加以综合叙述、分析和阐述，由浅入深、循序渐进，并配有各种参考图，力求在较短的时间内，通过简便、实用的教程，来达到最佳的学习效果。同时在表现风格上也做了多种的探索，可以作为建筑学、城市规划、景观设计和室内设计专业的教科书，也可以作为相关设计人员的参考书。

目　录

第一章　绪论　　　　　　　　　　　001

第二章　媒材与基础　　　　　　　　021

第三章　构图与透视　　　　　　　　047

第四章　步骤与画法　　　　　　　　083

第五章　表现与形式　　　　　　　　095

第六章　方法与功夫　　　　　　　　115

第七章　眼界至上　　　　　　　　　127

后记　　　　　　　　　　　　　　　271

附录　　　　　　　　　　　　　　　273

第一章 绪论

一、溯源发展

速写，顾名思义是一种快速的写生方法。速写的英文是 sketch，有草图的意思。速写同素描一样是造型艺术的基础。速写和素描之间有什么关系呢？从广义上讲，速写也属于素描范畴，我们把长期的、调动多样手段塑造的、效果完整的单色习作称为素描；而相对短期的、运用语言简练的、单一手段的、较快速抓取物象形神的习作称之为速写。速写是素描的一种短期表现形式。我们在分析速写的特点时应注意其两方面的含义："速"即速度，通常可理解为"快速"。然而"快"与"慢"并非是绝对的，只是一个相对的概念。一张速写，可以在三五分钟内完成，也可在一小时甚至更长的时间内完成，因此对速写的认识，不能简单地理解为"快"，而应根据不同对象及不同的表现形式来定。"写"为写生，表达绘者的所见所感，也指速写时用笔的具体要求——"概括"，其特点是概括、简练和肯定。速写与素描不同，它必须在短时间内捕捉对象物，捕捉大关系、主要特征及生

1-1　佚名《城堡》，纸本铅笔，32cm×42cm，私人收藏

1-2　吉塞佩·拉菲托《威尼斯运河的场景》，纸本钢笔，29.7cm×42cm，私人收藏

1-3　佚名《街景》，纸本水彩，42cm×36cm，私人收藏

动的形式趣味，它强调的是简练、概括、夸张和鲜明。"写"的概括特点最能显示速写本身的艺术魅力。快速和概括是速写的基本特征。

对于初学者来说，速写是一项训练造型综合能力的方法，是我们在素描中所提倡的整体意识的应用和发展。速写的概括性，主要受限于速写作画时间的短暂。速写是以动态人物、场景、旅游景物、建筑空间为主要描绘对象，画者没有充足的时间进行分析和思考，必然以一种概括简约的方式来表现。因此对于初学者来说，速写是一种学习用概括简化的形式快速表现对象物的造型基础课程。对于速写来说，更加注重的是作画者的自身敏锐鲜活的感觉。绘画者在创作速写作品的时候一般都是为了捕捉灵感和练手。

就速写本身来讲，与油画、国画、

设计等是不同的，它一般不作为一门独立的艺术形式存在，常常是一种搜集素材的手段，也是一种与素描训练不同的学习方法。速写以敏锐的观察视觉，捕捉刻画对象的形与神。速写的特点就是自由、简便。速写的作画工具可以说非常广泛，比如钢笔、铅笔、记号笔等，各种纸张都可以用来作画。速写具有独特的美感，是因为它更强调作者的感受，可以自由地发挥。从表现形式上，它可以夸张与变形，也可以抓住事物特征进行高度概括、提炼。速写不受时间、地点的限制，绘者可以随时随地记录自己的感受。速写不仅可以锻炼我们对生活的洞察力，也能培养我们的绘画概括能力。速写使我们收集大量的素材，加深记忆力和默写能力，在不知不觉中也培养了我们的创作力。总而言之，速写是感受生活、收集素材的方式。速写使这些感受和想象形象化、具体化。速写是由造型训练走向造型创作的必然途径。

其实，速写的作用比素描要大。在欧洲，速写被当作主要的造型训练手段。速写是一种快速记录视觉感受的绘画手段，也是一种自由发挥、表现方式多样的绘画形式。建筑空间速写，指的是以建筑物、建筑空间和建筑场景为对象，以速写的方式迅速描绘记录对象的临场手绘习作。它要求绘者在短时间内，使用铅笔、钢笔等简单的绘画工具，以简练的线条扼要地画出建筑空间的形态、构造和光影。它可以记录建筑形态和大致构造，为建筑设计创作搜集相关素材；同时建筑空间速写还可以作为一种独特的艺术表现形式或设计构思的表现手法。作为手头功夫，建筑速写是建筑师的看家本领。好的建筑空间速写与其他绘画形式一样，都具有独立存在的艺术价值。

建筑速写的发展史是速写（素描）发展史和建筑史的交织。古今中外的许多建筑大师都留下了大量生动的建筑速写作品，建筑速写对他们来说是搜收集素材、记录场景、训练造型能力的一种手段；艺术史上许多绘画大师的速写所表现的对象，其中很多也是建筑空间和建筑场景。所以单独理清所谓的建筑速写发展史是非常困难的。

在中世纪早期的欧洲，建筑速写是为了搜集素材、用于建筑设计及建造的依据。有少数工匠在游历欧洲诸国同时，用手绘速写的方式记录一些建筑的营造方法、细节装饰、比例系统、几何图例和内外部雕像等，这些手绘的资料证明最早的建筑速写是用于记录的，并作为一种设计的源泉，它的功能类似于今天建筑师的随身速写。（图1-4）

意大利文艺复兴时期的速写（素描）才渐渐走向成熟，出现了文艺复兴三杰——达·芬奇

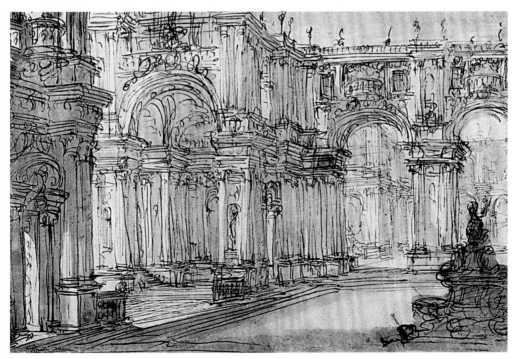

1-4 佚名《宫殿》，纸本水彩和钢笔，29.7cm×42cm，私人收藏

1-5 杰山比·伽里·比比恩那《宫殿室内》，纸质，64cm×42cm，私人收藏

（Leonardo di ser Piero da Vinci）、米开朗基罗（Michelangelo Buonarroti）和拉斐尔（Raffaello Santi）。文艺复兴时期奠定了造型法则的基础，其基本思想与认识方法至今被人们认为是绘画造型中的普遍规律。由于科学的发展、科学与艺术结合，画家们在广泛实践的基础上创立了科学的绘画基础理论、艺术理论和素描理论，产生了艺用解剖学和透视学，推动了速写（素描）的发展。速写（素描）成为文艺复兴时期整个造型艺术的基础。建筑美学思想变化促生了诸如对空间、明暗光影、透视规律的认识和研究，画家与建筑师的各自优势相结合。建筑速写强调所绘建筑应该造型准确，比例完美，也认为建筑速写应如一幅画一样，有个好的视觉形象，是对建筑的再表现。建筑速写既有将视点拉得很远，表现建筑外部造型的；也有将视点放在建筑内，表现古典建筑复杂的内部透视效果的。（图1-5）它不仅可以表现空间的体量，也可以表现内部空间的柱列、拱券、墙面细节雕饰。建筑速写摹写空间的准确得益于透视规律的产生，使绘画者更关注速写和建筑之间的深层关系：建筑速写的空间真实性问题。文艺复兴时期很多艺术大师同时也是建筑设计师，如达·芬奇和米开朗基罗，他们对建筑语言也进行创新。米开朗基罗还开创了另一个先例：他的建筑速写本身被作为艺术收藏品，而且在其在世时就开始了。

到了15世纪中叶，建筑师和艺术家的分化开始出现，尽管真正的职业建筑师到19世纪才形成。16世纪，随着美术学院的产生，这种以速写（素描）基础训练作为主要学习手段的美术学院在意大利出现之后，很快就普及到了欧洲各国，并影响到全世界的美术教育。速写种类也分为人物速写、景物速写、建筑速写。记录和描绘建筑空间一直是建筑速写的重要组成部分。18世纪新古典主义建筑风格一统天下，大量的学者和学生来到意大利研究和测绘古罗马建筑。当时，许多建筑师都是优秀的建筑画家，而许多建筑画家也参与到建筑设计当中。巴黎艺术学院的建筑教育（Ecole des Beau Arts），在建筑史中占有重要的地位。它的新古典主义建筑风格在19世纪末对西方建筑有极大影响，它也是第一个系统性的建筑教育体系，它的建筑速写教学也有独特之处。（图1-6）

19世纪后期艺术起了革命性的变化，印象派和后印象派的绘画拓宽了人们的艺术视野。后印象派融入装饰风格于绘画，在建筑上也出现了以装饰风格为主的新艺术运动。印象派盛行从写生入手，坚持以生活真实为创作依据，以写生来研究自然。（图1-7）印象派以及现代派观点的美

1-6 佚名《教堂》，纸本铅笔，30cm×28cm，私人收藏

术教学，着重发展学生的视觉记忆和想象能力以及独特的表现手法，写生时强调视觉印象和自我表现的主观因素。这也深刻地影响了建筑速写教学，建筑速写更加强调表现性和现实主义的融合。

20世纪现代艺术流派纷呈，交替变异。艺术在反传统观念的基础上，抛弃了古典主义的写实造型观念，作品更注重画家内心活动的表述和表现形式上的创新。我们看到这一现象：建筑速写不仅是建筑风格的表现，也是建筑师个人风格的表现。弗兰克·劳埃德·赖特（Frank Lloyd Wright）在建筑速写技法上独创彩色铅笔画。这种画法不需特别的画纸，绘画速度快而且效果强。现代建筑大师路德维希·密斯·凡德罗（Ludwig Mies Van der Rohe）和勒·柯布西耶（Le Corbusier）都主张在建筑中采用现代建筑材料和技术，体现建筑时代感。他们的建筑速写也和以往的建筑速写不同，更显得随意和个性。柯布西耶采用钢笔线描法，朴素而直接，没有渲染和雕饰。他的画的另一个特点是表现空间概念，使人能体会到画面中建筑的空间感。柯布西耶一生画了大量的建筑写生、建筑草图和建筑表现图。他的建筑速写与他的建筑理论和建筑设计一样，成为后人学习的典范（图1-8、图1-9）。

20世纪还有一些著名的建筑画家，如阿尔瓦·阿尔托（Alvar Aalto）和路易斯·康（Louis Kahn）。阿尔托大量的绘画则体现完全的个人风格，他往往用软铅笔不停顿地在纸上画，目的是寻找建筑设计的问题和答案。同样，路易斯·康在旅行中画的大量建筑速写直接与其建筑设计相联系，他落笔之重好像要穿入画纸，和阿尔托一样，他的画不是对建筑和结构的记录，而是一个建筑师创造性思维的图式化表现，真正反映了建筑师的自我交流、心绪过程和建筑艺术真谛。

建筑师的建筑速写的艺术魅力已不仅在于"形"，更在于与建筑艺术之间相关的"情"。这一点在近代的中国建筑师的建筑速写中表现得尤为明显。梁思成、童寯和杨廷宝等人都是近代中国建筑师中的佼佼者，他们也是近代中国建筑速写中的代表者。他们不仅在建筑上加入传统语汇，在绘画方法上也力求有传统遗韵，如梁思成的建筑速写造型扎实，塑造准确明晰，有着很高的艺术修养。（图1-11）童寯、杨廷宝与梁思成同为宾夕法尼亚大学同窗，他们的建筑速写同样有着很好的造型功底，能很轻松地表现建筑的空间构造，而不仅表现"形"。正因为如此，他们的建筑速写现在仍是当代学习建筑速写的范画（图1-12）。

1-7 克劳德·莫奈 *Waterloo Bridge, Soliel Voilé*，纸本淡彩和钢笔，30cm×48cm，美术馆收藏

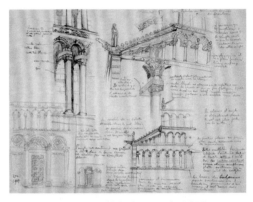

1-8 勒·柯布西耶《旅行速写》，纸本钢笔，30cm×48cm，美术馆收藏

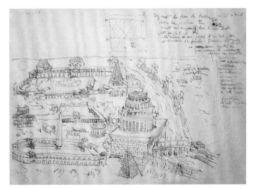

1-9 勒·柯布西耶《旅行速写》，纸本钢笔，30cm×48cm，美术馆收藏

1-10 佚名《米兰大教堂》，2015，纸本钢笔，30cm×48cm，美术馆收藏

S. M. DELLE GRAZIE, MILAN

(VALERI)

1-11　梁思成《意大利威尼斯写生》，1928，纸本钢笔，32cm×29.7cm，私人收藏

1-12　童寯《英国约克城古老居民区》，炭笔加彩纸本，42cm×29.7cm，私人收藏

二、教材背景

　　随着科技的不断进步，电脑的应用给建筑设计带来了历史性的变革。在这种趋势下，有人认为，建筑速写这种徒手绘画已经没有训练的必要了。其实不然，虽然电脑已普遍运用于建筑设计中，并充分展现出其优越性，但无论电脑多么先进，建筑速写仍旧是建筑师提高个人艺术修养的重要手段。建筑设计的过程是创造性思维的过程，是建筑师主观意识形态的反应。建筑速写是建筑师进行收集、积累各种设计素材的手段，掌握建筑速写对建筑师来说具有极其重要的意义，它能够提高建筑师对建筑空间形态的敏锐观察力及对形象的提炼、概括能力，提高对建筑造型、比例、尺度的感性判断能力。另外，熟练的运用速写手绘语言，将建筑设计创意、构思快速表达出来，也是建筑师素养的一种体现。

　　建筑速写属于风景速写范畴，是一种快速的绘画艺术表现形式。但它不等同于风景速写，建筑空间速写更倾向于建筑几何形体和构造的表现。建筑空间速写一般要求在比较短的时间内完成，甚至在十分钟内完成。由于建筑速写表现内容主要以建筑空间、构筑物为主，在设计领域又作为设计师记录、表现的工具，因此，它又具有特殊的意义。正确认识建筑速写的功能，有助于设计师在设计工作中充分发挥建筑速写的作用。

　　建筑速写作品是以图形化语言进行表达和呈现，审美是速写的基本功能。建筑速写具备形式美的构图法则，画面同样讲究绘画语言的应用，讲究疏密节奏的处理，讲究风格的表现，讲究建筑构造的理解，也讲究意境的表达。从这一点来讲，好的建筑速写本身就是艺术作品。对于建筑师来讲，建筑速写除了作为独立的艺术表现形式而具有绘画的审美功能以外，还具备与设计工作相关联的其他功能，这些功能辅助设计者更好地完成设计创意的概念成型和图形表现，使速写成为重要的设计

1-13　李诗琪《永定土楼写生》，2011，纸本钢笔，29.7cm×42cm，私人收藏

辅助表现工具。这些功能包含了记录功能、草图功能和表现功能。

1. 记录功能

　　建筑速写是设计师外出考察调研记录的重要手段，有助于设计师对建筑空间的记录和理解。设计师在面对需要记录的建筑空间时，可以通过摄影的方式对建筑空间进行拍照记录，也可以通过速写的形式进行快速写生记录。相比之下，摄影虽然时间更短，更为便捷，但显得较为机械，设计师在此过程中往往过分依赖照片图像而缺少对空间的感悟和理解；而建筑速写同样便捷、可操作，仅仅一张纸一支笔，设计师可以随时随地的对建筑空间进行速写记录。同时，建筑速写在记录建筑构造时具有优势，设计师通过对建筑空间的认识理解，对客观建筑空间的概括和提炼，省去多余的元素，提炼出有价值的信息进行速写记录，这种形式的记录重点更加突出，对建筑空间构造的理解更加深刻。因此，建筑速写的过程既是积累设计素材的过程，也是一个分析、学习的过程，对培养设计师的观察能力和设计能力起到重要作用。用建筑速写对空间进行记录不需要刻意地去为了训练而训练，设计师只需要在日常生活中学会观察事物，随时用速写进行记录，不断积累素材，锻炼自身的观察能力和概括能力，同时也提高自身建筑速写的绘画水平。

2. 草图功能

　　建筑草图讲究运用简单工具的绘画技法与对建筑物象概括的准确性，这也是建筑草图表现区别于其他草图表现的基本特征。建筑速写可以很好地作为设计草图分析与创作的辅助手段。建筑速写打破了色彩、材质的束缚，它以单纯的点线面构成形式对建筑空间进行表现分析，这种分析能更加纯粹地帮助设计师理解建筑空间形态。用建筑速写的方式进行设计草图构思时，可以快速、便捷地表现设计师的想法，让设计构思随心所欲地表现在纸面上。设计师用速写的方式在纸面上对方案不断进行推敲，这个过程是设计师思想呈现的过程，也是设计方案逐步形成的过程。速写的草图往往给设计师以各种新的灵感的启示，为设计提供可能性的引导。建筑师的设计过程，实际上是根据项目场地情况、功能要求，对大脑中所储存的设计素材和设计资料进行分析再创作的过程。长期进行建筑速写训练能使设计师的观察能力不断增强，积累的设计素材增多，对空间的领悟也更加

1-14　阿尔多·罗西《威尼斯水上剧院草图》，1978，纸本水彩钢笔，42cm×29.7cm，私人收藏

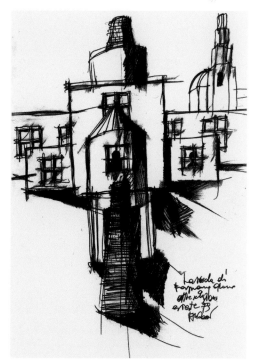

1-15　阿尔多·罗西 *Fagnano Olona primary school*，1973，纸本炭笔，42cm×29.7cm，私人收藏

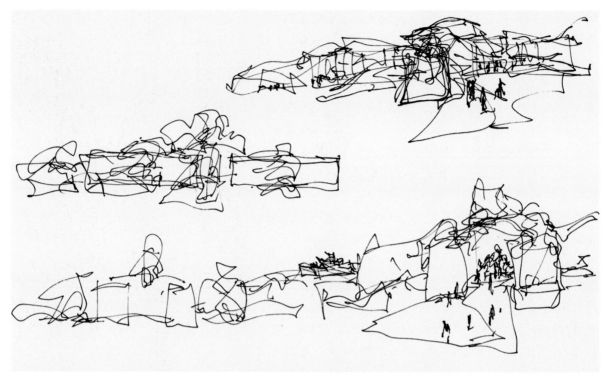

1-16　弗兰克·盖里《建筑设计草图》，1989—2005，纸本钢笔，33.5cm×56cm，私人收藏

透彻，为设计创作奠定了重要的基础。在体现建筑师的意象思维时，和其他表现方式相比，设计草图更显其表达优势，阿尔多·罗西（Aldo Rossi）的草图有着浓厚的艺术气息（图1-14、图1-15）；弗兰克·盖里（Frank Ghery）的草图中的线条如音乐般的跳动起伏（图1-16）；约恩·乌松（Jorn Utzon）当年草图上几个"贝壳"的意象，打动了埃罗·沙里宁（Eero Saarinen），最终成就了悉尼歌剧院。建筑速写是建筑师必须具备的看家本领，画不好建筑速写也就很难画出好的构思草图。构思草图的训练与建筑速写密不可分，也可以说构思草图是一幅虚拟的建筑速写。建筑师设计创作的过程是一个从无到有、由抽象到具体的过程。通过大量的速写积累，建筑师在大脑中形成一定的形象资料，在创作的过程就可以信手拈来，运用自如。由此可见，建筑速写对建筑创作的重要性，也就是说在进行建筑设计的过程中不能放弃对建筑速写的练习。

【建筑速写与建筑手绘的区别】

（1）建筑速写是绘画的一种表现方式，即以建筑物或建筑空间为对象，一边观察对象，一边以简练而迅速的笔调，扼要地将客观对象或记忆中的建筑形象快速记录下来的绘画形式。建筑速写是有客观建筑对象的。

（2）建筑手绘是用笔徒手把自己的建筑设计创意和

1-17　理查德·罗杰斯《设计草图》，1986—1990，纸本钢笔，24cm×42cm，私人收藏

想法画出来或记录下来。作为一名设计师，依据创意思维，徒手用笔把自己的创意、灵感记录和描绘出来，完成构思设计作品的雏形，即时用画笔与同行或客户进行草图的交流沟通，这也是衡量建筑师的专业水准的重要标准。建筑手绘是没有客观建筑对象的。

3. 表现功能

建筑速写的表现功能可分为两个方面：对客观建筑对象的艺术表现和对设计创意的手绘呈现。建筑速写能训练设计者心手合一的表现能力，能不断提高设计师的艺术修养，而良好的艺术修养也有助于设计师对设计方案进行表现。建筑速写是设计师进行设计效果表现的重要方式。虽然科技飞速发展，电脑在表现建筑效果上占据了绝对优势，使得建筑设计效果的最终表现基本以电脑效果图为主。但建筑速写的便捷性和艺术性都是电脑表现不可替代的，建筑速写的艺术表现力和视觉感染力也是机械化的电脑效果表现无法超越的。而设计的整个过程，则需要丰富的专业知识和艺术修养，需要形式美、技术美、空间认识和造型规律等诸多因素的相互浸透、互相补充。因此，速写对于建筑学科有着不可取代的基础作用。

在设计过程中，用建筑速写进行设计表现往往还可以起到节约设计师工作时间和成本的作用。用建筑速写进行设计草图表现可以快速呈现设计师的设计构思，在手绘草图与甲方进行交流后，设计师可以根据甲方反馈的意见对草图进行快速的修改和调整，待甲方基本确定方案后，再用电脑进行细化的设计和表现，这样不仅节约时间，也极大地提高了设计工作效率。可以说，建筑速写是一个高效率的设计表现工具，在设计中发挥着重要的作用。

1-18　理查德·罗杰斯《设计草图》，1983—1990，纸本钢笔，36cm×29.7cm，私人收藏

三、教材定位

如何使用各种绘画媒材与画法技巧来进行快速而有效的建筑空间速写是本书的重点。本书并不过分强调技巧，也不教授过于个人化的单一的表现形式，而是注重通过综合的讲述、多样化的速写表现形式的罗列、简单而直接的勾勒手法和色调、阴影与构造的不同处理来体现建筑空间速写的多样效果。多画建筑速写可以提高设计师的手头功夫和艺术素养，但它不存在固定的法则和画法。同样的对象，不同的画者会有不同的感受，描绘

1-19　格伦·马库特《建筑手稿》，1989—1994，纸本钢笔，29.7cm×42cm，私人收藏

1-20　洪冲《民居写生》，2011，纸本钢笔，42cm×29.7cm，私人收藏

出来的对象在明暗、构图、风格和形式等方面都会有很大的区别。不同的画者创作出来的建筑速写往往是个人视角、思绪、情感的真实写照。建筑空间速写不单纯是一种造型基础练习，最重要的是训练画者敏感的感受力和快速的表现能力，如果对建筑空间没有深刻的理解是画不好建筑速写的。

通过画建筑空间速写，不仅可以锻炼观察力和表现力，更可以提高艺术品位，从而激发出设计者设计创作的激情与灵感。

四、教学理念

建筑速写是高校建筑类专业的重要造型基础课程之一，它能直接训练学生心手合一的造型表现能力，掌握建筑空间场景和建筑构造的快速记录能力，最终适应专业设计创作的表达需要。

1. 课程定位

建筑空间速写是建筑（环艺）设计专业造型基础课，是训练学生绘画造型能力和提高艺术素养的重要手段，是绘画基本功训练中的一项主要内容。作为实验建筑教学体系下的造型基础课程，建筑空间速写是结合一年级的测绘课和下乡考察调研来安排的，贯穿于五年实验建筑教学中。其作用对于学建筑的学生来说，一是作为日常化的造型基础训练，培养手头功夫，提高手眼合一的绘画表现能力；二是针对本专业相关的建筑与村落的考察调研，培养快速记录能力；三是拓展视野与提高艺术素质。

建筑空间速写课程是一门技能性比较强的课程，主要培养学生对建筑空间景物的快速描绘表现能力，引导学生进行形象构思、取景构图、景物再现的训练。目的在于通过教与学，掌握建筑空间速写技法，培养并提高学生的造型能力，为深化专业教学打下绘画基础。培养学生速写的手头功夫

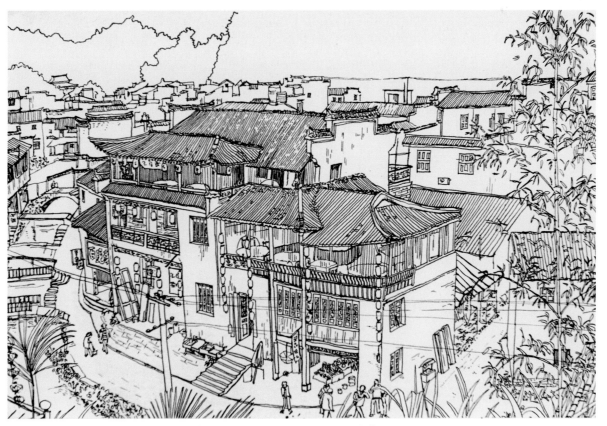

1-21 董玮奇《永定土楼写生》，2011，纸本钢笔，29.7cm×42cm，私人收藏

1-22 牛心童《温州楠溪江古村落》，2017，纸本钢笔，42cm×29.7cm，私人收藏

和审美造型能力是建筑空间速写课程的主要目的。

（1）以快速手绘记录建筑物和建筑空间为出发点，从构图、透视、线条、明暗等元素入手，强调手眼合一的写生表现能力。

（2）由慢到快，厘清建筑空间速写的要素和表现方式。

（3）感受—取景—构图—表现。

2. 课程重点

建筑设计专业的学生在进专业前已经具备了一定的绘画造型能力，但考前训练的速写基本上以人物速写为主，很少有人专门训练过建筑速写。虽然同是速写，其实建筑速写和人物速写在方法和形式上还是有着较大的差异的，学生如果没有找到合适的学习训练方法，不了解建筑速写的相关要素和方法，直接上手画建筑速写还是有难度的。这就要求教师在授课过程中根据学生的实际情况，设置简明有效的课程内容，让学生循序渐进地掌握建筑速写的表现方法，训练的方式可以运用临摹与写生相结合。

（1）教学重点

①建筑空间的体验与速写的观察方法。

②构图中需注意的问题。

③建筑空间速写的透视问题。

④不同媒材的技法表现问题。

⑤常见景物的画法与形式技巧。

（2）实践重点

恰当的地运用相应的表现语言进行建筑空间速写练习，使学生能够独立完成较完整的建筑空间速写作品。

五、课程目标

通过建筑空间速写的学习和训练，培养学生敏锐的观察能力和使用速写语言快速表现的能力；学生认识到速写写生的意义，了解建筑速写作为一种学习和训练的方式对本学科的发展与探索所起的积极作用，以及长期坚持这一训练与实践对自己所从事的建筑设计专业所具有的深远影响。

通过课程的学习，学生学会通过运用如铅笔、钢笔等简单的绘画工具，以简练的线条扼要地画出建筑空间的形态、光影，记录建筑细节和大致构造，为建筑设计创作收集相关素材；学习建筑速写的一般表现方法，掌握相应的取景构图方法，学会不同透视角度的常见建筑物的表现方法；恰当地运用相应的形式表现语言进行建筑速写练习，形成有一定构图与组织画面的能力，使学生独立完成较完整的建筑空间速写作品。

六、适用范围

建筑速写作为一门造型基础训练课程，在建筑类专业课程体系中占有重要的地位，它影响着学生未来设计表达能力及职业能力的高低。本书适用于所有的建筑、环艺、景观及相关设计专业的建筑速写教学，充分挖掘学生的造型能力，提高教学质量，为培养高层次的设计人才奠定了坚实的基础。

1-23　朱曦《中国美术学院象山校区写生》，2012，纸本钢笔加马克笔，29.7cm×42cm，私人收藏

七、教学方法

建筑空间速写是结合一年级的测绘课和各年级的下乡考察调研来安排的，贯穿于五年的实验建筑教学中，每年级的课程都有一定量的建筑空间速写写生训练。

第一阶段主要是讲授和临摹。主要运用课件讲授构图、透视与不同媒材的表现方法，重点是建筑速写的表现方法。这一阶段教师应根据学生的基础情况，把握训练难度，将建筑速写的要素和表现方式讲解清楚，将复杂的作画程序进行分解，让学生更容易接受与理解。比如在构图方法上，可以将构图形式先进行平面分解，让学生理解什么是视觉中心，明确前景、中景、背景，然后根据透视确定画面的大致比例形态。在速写的方法步骤上，要让学生掌握整体观察的方法，先着眼于整体，抓大放小，确定画面中大的比例，在"大形中找大块，再在大块中找小块"，看清建筑构造，厘清相应的细节，但不要面面俱到。对于初学者来说，最忌讳的就是从局部一点点地推着画，最终导致局部与整体严重失调，构图与造型也不完整。除了多看多欣赏优秀的建筑速写作品外，还必须有一定量的课后临摹训练，以训练学生对建筑空间速写的方法和表现方式的掌握。

第二阶段是写生训练。写生是提高学生速写能力的重要阶段。在写生实践中，教师要先教学生在体验建筑空间中学会如何选景，掌握建筑速写构图中的概括、取舍、留白等方法。写生的重点是以建筑空间景物为对象，而建筑物周边环境如花草、树木、行人等则放在次要的配景地位。这一阶段也是学生速写表现能力大幅提升的阶段，从临摹到写生就是将直接经验用于实践的过程。表现方法的训练一方面是各种工具的不同表现训练，另一方面是线条表现的训练，线条是否有表现力、是

1-24　王小焱《村落写生》，2013，纸本钢笔，29.7cm×42cm，私人收藏

否熟练与速写写生训练的数量、质量呈正比。第二阶段的训练除了现场的建筑空间写生外，还要适当穿插临摹的滚动训练，以拓展学生的造型能力和表现能力。建筑速写需要长期的坚持训练，不是上几堂课、练几张就会的，需要在不同年级段的课程中穿插训练或滚动训练，以保证教学的实际效果。教学计划要根据不同年级学生的造型基础能力来定，因为建筑速写要求学生掌握的内容较多，比如构图问题、透视问题、表现手法等，教学要根据每个阶段学生能够或可能掌握的因素来确定教学内容。一般建筑速写训练前期目的是让学生掌握建筑速写的基本因素，如线条、构图、透视、表现等；后期目的则是训练学生建筑构造刻画能力、构图和线条的表现能力、意境的表达能力，使学生充分掌握建筑速写的基本手法，熟练运用速写的表现手段记录建筑及建筑空间场景。在教学中注意速写与其他设计课程之间的联系与相互作用，让学生充分认识到学习速写的重要意义与作用，提高学生学习的自觉性与积极性，并使学生通过这一课程的学习养成长期随时画速写的习惯。

八、评价方法

　　课程特色以课堂速写理论讲授，作品观摩与分析，速写临摹，速写写生练习，作业评析为主。建筑空间速写成绩的评定在教研室主任主持下，组织不少于三位本专业教师共同评定，每个学生至少提交10张作品，采取平均分或在分档基础上商议评定的方式。评价结果是共分5档，每十分一档，以此类推：

1-25 郑曜《温州楠溪江古村落》，2017，纸本钢笔，29.7cm×42cm，私人收藏

（一）90分及以上

构图完整，形式感较好，对建筑空间形态特征的表现准确、生动、自然，前景、中景、后景各部分之间的关系处理恰当、贴切，画面形式和线条有表现力，符合形式美的规律。表现技法和速写技巧的运用较为熟练与成熟，画面具有一定的视觉冲击力与感染力。

（二）80—89分

构图完整，画面均衡统一，能够概括整体的表现画面形象与事物，建筑空间形态的刻画准确、自然，对速写表现技法的运用较为熟练，透视和各种对比关系处理恰当，形式语言较好。

（三）70—79分

构图处理较好，均衡而统一，能够较准确地表现建筑空间的形态特征，画面的景物饱满充实，对速写表现技法与技巧的运用较好，画面透视舒适，层次与对比关系处理得比较恰当。

（四）60—69分

构图不够完整，画面缺乏均衡与统一的关系，建筑空间的刻画不够准确，形、比例、透视存在一定问题，对速写表现技法的掌握不够，缺乏速写处理的技巧与方法，但局部造型基本说明对象的特征，同时注意二者相互之间的关系处理。

（五）60分及以下

构图散乱，画面不完整，造型问题较多，透视关系不准，对速写中的各种技法技巧的掌握不够，使用速写语言表现事物的能力较差，画面空洞，对景物的记录性较差。

建筑空间速写训练的重点在于方法的教学、造型能力的培养和艺术素养的提高。作为实验建筑教学体系中基础造型训练的主要课程，建筑空间速写为后面的设计课程起到造型能力培养的作用。通过这一课程的学习，学生能够独立完成较完整的建筑空间速写作品，从而为将来专业设计课程的考察与调研打下一定基础。

1-26 叶冬松《永定土楼写生》，2011，纸本钢笔，42cm×29.7cm，私人收藏

第二章　媒材与基础

　　建筑空间速写是以静态的建筑物和建筑空间为主要描绘对象，是将日常中对建筑空间的所见所感快速、简要地表现出来的一种绘画形式。其描绘的对象主要为建筑物、建筑室内、村落、街道等。对于设计师来说，建筑速写是感知建筑空间、记录素材的一种方式，速写使这些感受和想象形象化、具体化。建筑速写是由造型训练走向设计创作的必然途径。

　　传统绘画分类主要通过其材料的特征来界定，例如油画和水彩画是按照油性材料和水性材料划分的。随着现代科学技术的快速发展，层出不穷的新媒材，为艺术的创新提供了更多的可能性。虽

2-1　佚名《街区写生》，纸本钢笔，29.7cm×42cm，私人收藏

然艺术在当代越来越趋于多样化，但速写的创作依旧简单原始，对工具材料的选择也无须刻意为之，速写的工具基本上是信手拈来，速写的手法也还是面对对象，单刀直入捕捉瞬间。如何运用工具媒介，怎样处理效果，怎样表现材料特点的问题只能因人、因时、因对象而异，多去尝试各种工具的不同效果，但工具媒材是否上手、合适最重要。不同种类、质地的工具材料，有着不同的材料语言形式，如浓淡、粗细、轻重的不同特质，体现出不同的材料语言特质。在实际的建筑速写创作中，总是在特定的范围内选择合适的工具媒材去表现。

速写的工具是艺术语言的一种呈现形式和表现力的发挥手段。在速写创作中绘画的主体还应回到艺术家本身，艺术家的心、眼、手的三者完美合一，才是速写创作的根本。当速写语言本体得到肯定时，工具材料在画中的价值就能得到强化体现。即使是传统的工具材料，艺术家也能赋予工具材料以新的表现方式，从文化和观念的角度寻找创新和发展，从材料语言的角度拓展艺术思维的新空间。

一、工具材料

"工欲善其事，必先利其器"，任何表现形式的速写，都与工具和材料有着密切的联系。所以熟悉各种绘画工具的性能，多尝试使用是必要的。在速写写生时，工具要做到得心应手，胸有成竹，这样画面效果才会"灵动飞扬"。了解工具材料是掌握一门技法的先决前提，速写的工具材料很多，我们不需要一一掌握，但对一些常见的工具材料及性能、特点还是必须有一个整体的了解的。常见的速写工具有铅笔、炭笔、炭精条、水笔、钢笔、橡皮、速写本、纸张、墨水、画夹等。一般说速写的工具不限，任何工具都有其长处，都能画出有特色的速写来。

速写用的笔种类颇多，主要有铅笔、炭精条、木炭条、炭笔、钢笔、圆珠笔、毛笔、马克笔等，其性能与效果都大不相同，可根据特定的要求进行选择。初学者可选用常见的水笔或2B铅笔，因这两种笔在速写训练过程中较易掌握，待有一定基础后可用其他的工具作画。

速写用纸没有什么特别讲究，70克左右的普通白纸即可，也可用新闻纸（印报纸用的纸），新闻纸适宜用炭笔作画。初学者可利用各种零散纸练习。现在一些美术品商店出售专门的速写本，这为学生速写练习提供了更多的方便。

【速写需准备的主要工具】

1. 笔

【铅笔】是我们十分熟悉和最常用的绘画工具，也是普遍采用的速写工具之一。铅笔能灵活自如地表现粗细、浓淡的变化，表现力十分丰富，而且可以修改，携带方便。通常速写使用的铅笔以B—4B为宜。铅笔分为硬铅笔（H型）和软铅笔（B型）两类，每一类又分为六七个级别，数字越大，软硬度越高。一般硬铅适合画以线条为主要表现手段的速写；软铅适合于画以线和色调结合的线条流畅、奔放的速写。另外还有自动铅笔（同一笔管可使用不同硬度的笔芯，更换便捷，线条工整、纤细）和木工用铅笔（笔头尖部长方形扁平，线条有锋利感，可画出颇具特色的笔痕）。

【水笔或钢笔】水笔是速写的常用工具。用炭素墨水灌注的自来水笔是速写的便利工具，水笔的线条粗细均匀，特别适合画线性速写。速写钢笔又名美工笔，其笔尖弯曲，通过调动手腕变动笔尖的角度同样可以拉出粗细有变化的线条，只是没有深浅变化。

【炭笔或炭精条】炭笔也是速写的常用工具。炭笔的主要原料是木炭粉，炭笔由炭末压制而成，笔芯较粗，作画效果黑白对比强烈，又可以使用擦笔或手指随意皴晕色调，所以很受画家的欢迎。它的缺点是不像铅笔那样可以用橡皮修改，且炭粉易于脱落，画完需要喷定画液（或发胶）固定画面。

【圆珠笔】圆珠笔的线条自如圆润、难干，有时需要两天。为避免污迹，画完后要盖干净白纸加以保护，仅能画出线条，不过可以通过排交叉线来表现色调。

【马克笔】是水性笔，没有丰富的色调和层次，靠线条粗细黑白对比来丰富画面。

【色粉笔】圆柱形或棒形，颜色有很多种，一般选深灰色的色粉笔画速写，压力和角度的任何变化都会产生不同的效果，适于在很多纸上作画。画完以后须用固定剂加以保护，不然很容易掉色。

【木炭条】大多由柳树的细枝烧制而成，线条较粗，因其易与擦掉，可反复修正，不伤画纸。能表现比较细腻的明暗调子和浓淡的变化。木炭条的线条比较粗大，所以只适合画大幅面的画，不大适合画小幅面的速写。

【毛笔】毛笔是勾线的理想工具，但因携带不便，少为野外速写使用，近来发明的自来水毛笔，较之正宗毛笔表现力略显逊色。

另外，目前市售的各种笔，如塑料笔、竹笔、色粉笔、蜡笔、签字笔、圆珠笔、油画棒、马克笔都可以用来画建筑速写，各具特色，但对初学者不宜过分追求特异风格，仍以水笔、铅笔、炭笔为妥。

2．纸

建筑速写用纸没有固定的要求，几乎什么纸都可以用，但需依速写用笔的种类而定。纸分为三类：粗面纸、中度纸、光面纸。粗面纸适合画水彩或水墨的速写，木炭、铅、墨水笔在粗面纸上画速写时，画笔只在纸的表面掠过，很难充分接触画纸。在光面纸画速写，适合用圆珠笔、钢笔、马克笔等水性用具。而木炭笔、铅笔、粉笔等干性用具在光面纸上画速写时，由于光面纸太光滑，不易附着，画的线条易模糊。适于画速写的是中度纸。牛皮纸表面滑，带有轻微的纹路，比较适合水性的工具作画。圆珠笔、钢笔应画在纸质较厚的纸上，以免纸薄被笔划破。初学者可使用普通书写纸或新闻纸，裁成四开以下的张幅，或装订成速写本备用。练习时可以用四开纸练习慢写，逐渐提高速写能力，改用八开、十六开纸画速写。画纸的种类甚多，一般都可以用来画速写，画者做何选择，也要据其所需效果酌定。未必一定要用很昂贵的纸，重要的是笔与纸的接触所产生的效果，有时很低劣的纸，反倒有特别的效果出来。

速写常用的纸有：

【绘图纸】质地较密实且光滑，适合画铅笔、炭笔、钢笔速写。

【图画纸】纸质稍薄而软，不宜多涂擦。画铅笔、炭笔、钢笔均可，图画纸质软并有半吸水性，画钢笔淡彩效果颇佳。

【白报纸】纸薄偏黄，时间长会变黄，适合画炭笔、钢笔速写。

【毛边纸】纸色黄，纸面稍涩，用毛笔、炭笔效果颇佳。

【高丽纸】纸松而韧，适合画毛笔、木炭速写。

【卡纸】质硬，正面白而光滑，反面灰而涩，画钢笔、圆珠笔、铅笔速写均可。

【书写纸】又称办公纸，质脆，光滑度中性，铅笔、炭笔、钢笔、圆珠笔速写均可。

3．橡皮

橡皮的作用不仅在于修改和擦掉错画之处，而且可用于降低或削弱色调，在这方面橡皮泥尤为应手。

4．速写本或画夹

用单张纸画速写时，一般以速写本或画夹（画板）作垫板，如果需要特殊的画画效果，可以采用特殊的垫板，如纤维板的粗糙面、布纹面、席纹面都可出现特殊的肌理效果，但初学者不易滥用，以免影响表现力的锻炼。

上面简单介绍了一些常用的速写工具和材料，可根据自己的习惯、爱好选择。为了速写的效果选择适当的工具和材料，鼓励探索和创新。初学者选择易于掌握的工具多练习，也可以尝试探索新的工具材料给速写带来新的生机，寻找别样的表现效果，使画面更具趣味性和创造性。

二、线条练习

1. 线条对于速写的意义

唐代画家张彦远曾说："无线者非画也"。速写最主要最常用的基本表现手段就是线条。线条本身变化多端，可长可短、可粗可细、可刚可柔、可曲可直，线条本身就是人的内在情绪的波动、感情活动的痕迹体现。线条也是中国绘画的根基，它集中地体现着东方的审美趣味，如顾恺之的"春蚕吐丝"、曹仲达的"曹衣出水"、吴道子的"吴带当风"。前人已把线的生动变化、神奇美妙发挥到了极致，为我们留下了很多具体的经验。文艺复兴时期，达·芬奇、米开朗基罗、拉斐尔都有以线为主的素描流世，其中拉斐尔的线条尤其优美、娴熟，丢勒、荷尔拜因以线造型的素描也很精湛。到了19世纪，安格尔毕生追求线条的精致与优美，安格尔说："线条就是一切。"而野兽派的马蒂斯则把他的线描速写看作是他的情感最直接最纯粹的表达。他的线条自由随意简洁明快，用线条完成了内心的表现，发明了最能体现精神和谐的语言。线条这古老的绘画语言，在历代画家手中，永远在不停地演变、发展，线条的表现力永远是一个画家创造力的具体标志。

线来造型构成了速写的特点。它抛开了光影的存在，而着重于本质、结构、精神情感与意象的描述。在国画里"线"一直被看作绘画的"骨"，所谓"骨"就是造型的骨架，这充分说明了线在绘画里的重要性。线是人们对物象提炼的结果，是由物体的转折、体面的边缘等给人以线形的启示，如建筑物的外边缘、立面的门、窗、块体的分割、屋顶、台阶、树木等无处不被人们感觉到线的存在。速写通过线的长短、粗细、曲直的变化和线的穿插、重叠、疏密等线条组合，或用以表现形象的轮廓，或用以暗示形体的体积空间，或用以概括物象的层次，或用以强化形象的特定形态，线条

2-2　波格索夫（俄）《街道写生》，2009，纸本钢笔，29.7cm×42cm，私人收藏

2-3　孙启发《民居门廊》，2010，纸本钢笔，42cm×29.7cm，私人收藏

就是速写表现力的体现。对于速写来讲，线条运用的根本目的是为造型服务。线条运用是否完美应以对物象形态的完美表现为唯一原则，特别是对于速写训练，切不可脱离这一根本目的。线条是建筑速写最基本的语言方式，是体现一幅作品面貌和气质的关键。线条表现所具有的直接性、快速性、简练性、准确性的特征，既符合速写自身的特点，又能充分适应速写的造型需要。速写是用各种不同的线条组合方式，来表现线的前后推移、上下叠压、里外穿插、相互缠绕等空间关系。就建筑速写而言，画好线条是不容易的，它既要描述建筑空间的大致轮廓，又要交代建筑构造的细节，还要注意透视和空间关系，这些都落在一根根线上，所以以线条是要经过反复提炼的。线有轻重缓急，有主次粗细，有硬有软，有长有短，有疏有密，而线的所有变化都是笔锋的变化。这要求我们熟练地运笔，熟练地转换合适的握笔姿势。

速写中用线一定要概括、简练，还要流畅、生动且有疏密对比。概括的意思，我们可以理解为去繁就简，能用一条线表达的就不要用多条线来表现，能简单概括的就不要烦琐处理。流畅顾名思义如流水一般顺畅，运笔时气要均匀、不犹豫。生动主要指的是要抓住物象的特征，简单准确地表达。古人云"疏可走马，密不透风"，可见，画面的疏密对比是线条排列组合的一个美学原则。建筑速写的线条疏密一般是根据画面处理和受光与否来确定。通常情况下建筑主体和植物配景的背阴面是可以处理得密一些，如此有背光的感觉；受光面可以处理得疏一些，因受到了光照，比较明亮。建筑速写是一门线条的艺术，线条的处理关乎整幅作品的品质。线条的强弱对比是表达空间的关键因素，线条的强弱对比基本上是按照近实远虚，近远弱的原则处理。受光部分的主要物体的转折线和轮廓线要强一些，背光部分和远处的轮廓线要弱一些。同一根线条也有强弱对比，也是根据受光远近来判断。

2-4　周刚《西塘写生》，1995，纸本钢笔，29.7cm×42cm，私人收藏

画速写使用线条要像写自己的姓名一样轻松，笔触肯定、清晰流畅。当然，有熟练的手头功夫，还要有一定的艺术修养，线条是千变万化的，切不可用一道方程式解所有的题。没有什么非得这样画。线条因其工具、材料的不同带来各具特色的丰富变化。线条除了一般具有干湿、浓淡、粗细、曲直等形态变化外，线条的流畅或滞重、飘逸或苍劲、急促或舒缓、隽永或凝重、俊秀或粗犷等，可以带来更富情感性的表现特征或独特的形式美感。

在建筑速写中，由于所描绘物象的不同则用线不同，所表现各种物象的形体与质感也就不同，寥寥数笔，境大意深是建筑速写所独到之处。速写虽然表现形式比较简单，但其内在东西可以很丰富。速写描绘景物可以不受光线限制，也可以不求自然主义的写实照搬。大胆取舍，概括洗练，形态意境

2-5　孙托尼《德国城市街角写生》，2008，纸本钢笔，42cm×29.7cm，私人收藏

2-6 王明皓《民居写生》，2012，纸本钢笔，29.7cm×42cm，私人收藏

俱在此中。建筑速写的对象是建筑，如何表现形态，怎样才能表现出建筑物的韵味，怎样塑造意境，这决定了造型的生动与准确和画面的表现力。造型的生动是对用线而言，线的曲直、粗细与虚实的相互穿插若合乎情理，造型自然会生动。准确则是相对而言的，准并不是要像照相机一样将所表现的物象的任何局部都记录得一清二楚。关于生动与准确齐白石有这样的论断："太似为媚俗，不似为欺世，妙在似与不似之间。"画速写也是这样的道理，一幅速写没有准确的形的骨架，神则无处依附。传神不只限于对物象简单的如实描写，而包含了作画者从感性认识到理性认识，再从理性认识到艺术表现的完整显现。它不是物象的简单再现，而是来源于原型，高于原型，形具而神生的艺术显现。

2. 线的组织与表现

速写中线的组织穿插是画面内容与构图需要决定的，通过对线条的组织来造型，来体现线的表现力。线的表现力又体现在两个方面：一方面是线条本身的变化，由不同的线形所产生；另一方面是由线在面上的组织安排，形成疏密聚散、前后穿插的空间层次和节奏韵律等。这两个方面决定了线的表现力。线是形的画面显现，各种不同的线可以表现不同的感觉。粗线条有分量因而稳定、粗犷。细而流畅的线轻盈，感觉柔和飘逸顺畅。竖线条没有斜度因而坚定、挺拔。横线则平稳、安定，曲线感觉流畅有韵律，弧线表现柔韧、张力、弹性。干涩线感觉苍老、古朴。长线顺、短线繁等，利用这些线的表现产生不同的质感。在建筑速写中因每个人的个性不同而产生出各种不同的线的表现手法与风格。

在建筑速写中对线的组织取决于绘画者的素质。客观对象的线是纷杂繁乱的，将线组织好，使其形成形态的和意象的疏密关系，达到疏密有序的效果，这应是绘画者的眼界和艺术的本能决定的。线的组织还有一层意思就是线的排列，有时一幅速写靠几条线来表现虽感觉流畅痛快，但画面效果难免单薄。如在线形的基础上以线组排线，犹如国画的皴擦，可使建筑形体的凹凸或结构更加充实，起到辅助体积的作用。这种辅助体积的线组可横可竖可斜，利用这些线组的不同密度和长度来弥补单薄的缺憾。虚实相生是线条的表现特点，在用线表现物象之前，要深入观察，对物象的各部分结构特征、虚实起伏做统一的分析与理解，不但要看到建筑物与整体环境的各部分的比例关系，而且要认清建筑物中足以表达各部分结构关键特征的造型构造。（图2-7）

　　画建筑速写应在线的节律感和表现力上下功夫。节律，就是节奏和韵律，这是线条美的核心。节律中要有力度，要有力量之美，建筑速写中线的表现目的是写形传神，所以线本身就有相当独立的形式美，利用线的长短、刚柔、粗细、虚实等具有节奏和韵律的线条表现出建筑空间的物象。建筑速写通过线条的辩证律动产生出节奏与韵律感。一幅优秀的建筑速写，就如同一首乐曲，抑扬顿

2-7　许雅妮《老房子写生》，2011，纸本钢笔，42cm×29.7cm，私人收藏

挫，音乐有节奏，绘画同样有节奏，当然这节奏除了有线的节奏，还有黑白灰的节奏，虚实的节奏，也就是说节奏除了平面线条的节奏，还有立体空间的节奏。利用线条的疏与密，粗与细的对比产生一种距离节奏，即近景、中景、远景；利用线的曲与直对比产生一种张力节奏。在速写中线条表现

2-8　林文婷《上海里弄写生》，2013，纸本钢笔，42cm×29.7cm，私人收藏

力的练就不是一朝一夕的功夫，要提高线的质量，强化线的艺术表现力，就必须对轮廓线与交界线进行分析与研究。轮廓线不是铁丝外框，不但有穿插、虚实、透视，而且还有造型节奏，它赋予物象以生命力与魅力，它倾入了作者的艺术修养和审美经验。线的力量，还在于它的内在性与以一当十的概括性。

　　建筑上材料的不同，如土墙、砖墙、石头墙等，各有不同的质地，因而用线要有区别，用不同的线描绘不同的内外轮廓是必要的。（图2-8）现代建筑钢架结构用粗、细直线、弧线来体现。面砖、玻璃用短线、细线，现代高层建筑用长线，古代建筑用短线，不同的材料、不同时期的建筑用不同的线来表现则更加精彩动人。用线的粗细轻重虚实浓淡等与复杂多变的物象相结合，同时对客观物象的感受大胆取舍，随着主观愿望加强或减弱的写意再现，表达出建筑物的精神本质。

　　建筑空间速写不是对景物的如实描写，而是一种强调与概括，抓住那些最突出最生动，最能反映本质的外在形态，给予最凝练、生动、准确的表现。舍去或减轻不足以辅助形象特征的部位，使整个形与形、轻重与虚实对比之间有着不可分割的达到整体艺术性的构图，就必须与画家的思维、破坏了结构与结构之间、美感的画面效果。移景与补景是速写构图的主要原则，"凡作一图，若不先定主见，漫为填补，东添西凑，是一局物色，各不相顾，最是大病"。建筑速写虽是对着实物来描写，但是要想具有完整性，要对客观物象进行取舍，这里的"取"是纷繁的景物中选择摘取的意思，"舍"是主观删除和丢弃。取舍是绘画者眼界素质、艺术修养的直接体现。画建筑速写常常遇到实物景观杂乱无章、毫无完美性的情况，所以就要进行取舍，把画面中没有用或者破坏构图的杂乱物舍去，或者把这些杂乱物象移到另一个位置使其美化画面。但也常会遇到建筑物旁没有或极少有与建筑物相呼应的配景，就应主观地按构图规律补充这一部分，通过移和补构图更加完美，又能不破

2-9　孙托尼《山脚小镇》，2008，纸本钢笔，29.7cm×42cm，私人收藏

2-10　佚名《度假酒店入口》，纸本钢笔，29.7cm×42cm，私人收藏

坏特定的环境。通过物象的取舍归纳，用线的组织安排，形象更鲜明、生动。建筑速写无须学习某家某派某人的表现形式与风格，只要多写多画，常画不懈，只要不违背建筑造型规律，不违背艺术表现的规律，不违背线的造型规律，就一定能创造出既有个人风格，又有时代气息的新作。

3. 线条练习

（1）开始时，不需要有特别的目的性，可以随意画，训练协调眼与手的能力，体验手的压力与线条轻重关系，改变笔的方向，试着画直线，体验流畅线条带给你的愉悦感，再尝试画点，靠连续的点形成方向感，或纸上任意找两个隔开距离的点，再连直线、折、波浪线和任意曲线，慢慢学习控制线条的准确性。

（2）在有意无意地忽略"形"的涂鸦过程中，会开始注意你画的图形的表现力，速写激情带来的主观能动让绘画者更有愿望，更加自信。

（3）选择自己感兴趣的主题进行小品练习，可以写生，也可以想象着画，比如想象各种房子、树木的姿态，尽量用最简练的笔法和在最短的时间内表现其形态特征。这个练习主要体会线条的姿态性，同时体会线条的情绪性，正所谓好的画作可以"一线见高低"。

三、工具与表现

速写一般只要有一支笔、一张纸就可随时随地进行，它能及时定格作者对事物的观察和感受，具有很强的记录性和生动性，是作者保持敏锐状态的最佳手段，所以凡有成就的画家，均在速写上

2-11　胡文洁《温州楠溪江民居写生》，2017，纸本钢笔，42cm×29.7cm，私人收藏

有不俗的表现。但在当下影像技术高度发达普及的背景下，很多人对速写的重视热情程度已大不如前，主要原因是收集素材可借助相机、手机等手段轻松获得。但速写毕竟是以手头功夫为前提的，那些平时"拳不离手"而养成的眼手快捷和下笔有神，都是显示在绘画领域的独特功力优势。所以提醒当下的青年学子千万不要轻视速写这门手艺，它在写生和创作中呈现出的价值将使你终身收益。

那么怎么画好速写？要画好速写因素很多，但在众多因素中我认为"适合自己的方法"是最重要的。当初学者面对物象不知所措、无从下手时，不妨从与速写形式接近的线描连环画中去吸取经验和学习处理手法，如：线条的运用和方向、疏密及虚实对比、黑、白、灰的分布配置等。在这里特别要提醒初学者选取临摹范本一定要结合自己的爱好，从自身出发，这样结合自己的偏爱及性情，易取得事半功倍之成效，俗称"容易上手"。临摹时要有目的性、针对性，解决自己面临的问题，只要仔细体会、感悟、实践，你的速写才会有很大进步和起色。

任何画种的特点都与其工具材料的性能有密切的联系，尽量多尝试各种工具材料，掌握运用多种绘画媒介的特有性能与效应，做到得心应手、挥写自如，这也是画好一幅速写的必要前提。

1. 钢笔（或水笔）速写

钢笔作为速写工具，因其使用方便而被普遍采用。钢笔速写的基本技法一般以线为主，线条基本无深浅变化，不易擦拭涂改，所以需判断准确，下笔果断，不可犹豫。钢笔有很强的表现力，既可以画出简单、明确而肯定的单线，也可通过线的排列而构成色调，线条疏密亦可表现色调层次和变化。钢笔与不同的纸结合，将给钢笔线条带来丰富变化和新的表现力。（图2-12）

水笔速写——水笔与钢笔相类似，工具简单，使用方便，限于工具的特性，它的特点是以线为主，线条基本没有深浅的变化。其线比较肯定、瘦劲，但不易涂改，要求画者下笔果断、不容犹疑，可充分发挥线的表现力，既可画简单疏朗的单线，亦可用排列密集的线条表现层次丰富的调子。

2-12　许雅妮《村落写生》，2011，纸本钢笔，29.7cm×42cm，私人收藏

2-13　李诗琪《永定土楼写生》，2011，纸本钢笔，42cm×29.7cm，私人收藏

2-14 佚名《老街写生》，纸本钢笔，29.7cm×42cm，私人收藏

2-15 孙祙荻《楠溪江民居写生》，2017，纸本钢笔，29.7cm×42cm，私人收藏

2. 铅笔速写

铅笔是最常见最普通的绘画工具，铅笔分为硬铅笔（H 型）和软铅笔（B 型）两类，一般来讲，硬铅笔合适于画以线条为主要表现手段的速写；软铅笔适合于画以线和色调结合的速写。铅笔的特点是润滑流畅，便于掌握，其线条可粗可细，可重可淡，通过用笔的轻重可产生丰富的变化。特别是软铅笔轻轻接触纸面即可留下清晰的笔迹，其线条或轻或重，或粗或细，或浓或淡，或流畅或拙朴，容易控制。用铅笔画色调容易把握微妙而丰富的效果。铅笔侧用，可画粗线，抓大效果；用其棱角部分，可画细线，丰富细节。还可以用纸笔或手指作为辅助工具，在线条或色调上揉擦可产生柔和、微妙的色调，丰富其表现力。用铅笔画速写容易控制线条的轻重、粗细、浓淡、流畅、拙朴，以及微妙丰富的色调层次。还可用手指或纸笔辅助揉擦，产生微妙的色调。铅笔速写还可用一种笔芯扁平的木工专用铅笔（又称"速写铅笔"），变换用笔角度即可画出不同变化的线条，更便于画大色调。

虽然铅笔可以画出细腻、富有变化的色调，但千万注意用铅笔画速写不要画成素描了，很多人一上手就越画越细腻，越画越掉入局部中。所以用铅笔画速写用笔一定要概括肯定，注重大关系大效果，调子最好一遍搞定，尽量不要一点点磨出来，果敢肯定的笔触能给予画面生动的效果。（图 2-16）

2-16　佚名《上海老街道写生》，2011，纸本铅笔，29.7cm×42cm，私人收藏

2-17　罗丹《楠溪江民居写生》，2017，纸本铅笔，29.7cm×42cm，私人收藏

3. 炭笔速写

炭笔质地较松脆，黑白对比度强，便于画出丰富的层次与色调，并可借助于手或纸笔的揉擦，亦可铺以橡皮的提擦等手法，使效果变化更多。炭笔的表现力较强，为一般画家所喜用。炭笔笔芯较粗加上是炭质材料，因此黑白对比度强，较之铅笔线条颜色更浓重，也容易画出色调的丰富层次。同时，炭笔在纸上运行时手感阻力较大，其线条在滞留中更富有内在的力度。

炭笔作画可涂、可抹、可擦，亦可做线条或块面处理，能做出很丰富的调子变化，所以传统素描，均以炭笔为练习工具。炭笔表面比较粗糙，不反光，比较适合画涩的线条，线条力度感较强，还能皴擦出不同的肌理效果，所以炭笔的表现力很强。但是炭笔的特点是笔色黑浓，附着力稍差，与纸的摩擦力大，不宜多涂改。炭笔种类从颜色上分为黑色、棕色。种类有硬中软炭笔之分，炭笔用法和铅笔差不多，但是不如铅笔容易控制，需要经常练，熟练方能生巧。同样，炭笔虽然可以画出细腻富有层次变化的色调，但也注意不要画成素描了，注重画面的大关系大效果，不要一点点修出来，越画越细腻是因为掉入局部中了，没有整体去观察，所以用铅笔、炭笔画速写，用笔一定要概括、肯定。（图2-18）

2-18　徐清妍《楠溪江民居写生》，2017，纸本炭笔，42cm×29.7cm，私人收藏

2-19 梅创基《香港的棚户区》，1994，纸本炭笔，29.7cm×42cm，私人收藏

2-20 叶雨仪《楠溪江民居写生》，2017，纸本炭笔，29.7cm×42cm，私人收藏

4. 炭精条速写

较之炭笔来讲，炭精条更具表现力。炭精条较粗大，涂绘大色调尤佳，炭精条适合运用于粗犷厚重的表现效果。利用炭精条棱边画出的线条锐利而富有变化。将其斜外使用可做较大面积的涂抹，画出的线条和色调流畅、松动、空透，且富色调变化的效果。将纸笔、手指、橡皮擦作为辅助工具以配合炭精条使用，将产生更为丰富的变化，进一步增强其表现力。炭精条有黑、棕及暗灰等色，其状或方或圆，比炭笔更具表现力。削尖后，线条实而细，若使其侧倒，线条又可虚而粗，亦可大面积涂擦。利用其棱边又可画出锐利且有变化的线条。通过用笔的轻重快慢与俯仰正侧，或勾或皴，并辅以手指、纸笔、橡皮的或擦或揉，可以制造出无可计数的层次乃至色彩感，或焦黑，或湿淡，或银灰，实妙不可言，尤其是大幅速写就更其相宜。但炭笔和炭精条不可以与铅笔混合使用，这点应当注意。（图2-22）

2-21　杨佳伟《永定土楼小巷写生》，2011，纸本炭精条，42cm×29.7cm，私人收藏

2-22　佚名《城市风景》，纸本炭精条，42cm×29.7cm，私人收藏

5. 炭条速写

木炭条质地松脆，附着力差，用布一掸就掉，画时没有顾虑，易于掌握，更适宜于大幅粗放的速写，放笔直干，效果立出，画后需用定画液固定。（图2-23）

2-23　郭徽《阳光下的过道》，纸本炭条，42cm×29.7cm，私人收藏

6. 毛笔速写

毛笔表现力强、效果丰富，但也比较难掌握。毛笔有硬毫、软毫和兼毫三类，其性能刚柔有别，可据其偏爱选择。毛笔一般在宣纸、高丽纸、元书纸上画速写效果最好，其笔法很多，画速写多以钩、皴、擦、点为主。毛笔速写应充分发挥其特有的性能，通过用笔的正侧顺逆及速度与力量的变化，再加上用墨的浓淡干湿的调配，制造出鲜活的、极具形式意味的意境。（图2-24）

2-24　佚名《永定村落写生》，2011，纸本毛笔，42cm×29.7cm，私人收藏

7. 马克笔速写

马克笔是一种透明的水彩，具有淡雅、明快的特点，适合表现质感较强的材料。画法上要干净、肯定、利落，注意争取一次画到位。马克笔不适合反复修改作画。马克笔一般与钢笔或水笔结合使用，起稿用钢笔或水笔画，马克笔用来铺调子或上明暗。用马克笔画速写要分清块面，马克笔适于平涂，上色必须保证画的是色块，而不能单纯的只画线条，就算是用线表达也要表现明暗面的大关系。每种颜色至少要保证有表现暗面、灰面、亮面的三支笔，上色的时候分清明暗依次画，不可以乱涂，笔触要尽量顺着一个方向，因为马克笔上色干了的时候通常会留下笔触。（图2-25）

2-25 韩心宇《中国美术学院象山校区写生》，2010，纸本马克笔，42cm×29.7cm，私人收藏

8. 钢笔淡彩速写

钢笔淡彩是建筑速写中常见的一种表现形式。在钢笔速写的基础上施以淡彩，使画面进一步完善，色彩及空间层次感增强，因不同的绘画材料呈现的表现风格也不同。钢笔淡彩这一表现形式经常被建筑师、环境艺术设计师以及其他美术工作者应用，较快速地记录生活场景和建筑造型及建筑场景，易于从事设计思维的表达。钢笔淡彩速写主要能够培养学生的动手能力，培养脑、眼、手的相互协调和表现能力，以及培养空间的理解力和造型能力。因此在现代造型表现艺术中受到高度重视，也是造型艺术中一项不可缺少的基本功训练手段。从事建筑设计和环境艺术设计专业的人必须掌握这种绘画技能，为徒手表现训练打好基础。

钢笔淡彩就是以钢笔线条为主要手段，在速写线稿的基础上施以淡彩，简洁明快的施以色彩，画面效果丰富而含蓄，用色彩为辅助烘托气氛的方法。它的线条纤细，色彩清丽，画面独具韵味。它是线条与色彩结合的完美再现，用线塑造形，用色赋予形以情态。其表现手法多变，有些时候是用线工整，设色严谨；有些时候可以信手画线，水色写意，使画面简洁明快。每种形式都有娱心悦目的功能。（图 2-26、图 2-27）

2-26　佚名《红色的屋顶》，纸本水彩，26cm×42cm，私人收藏

2-27　佚名《方尖碑》，纸本水彩，29.7cm×42cm，私人收藏

第三章 构图与透视

一、选景

（一）空间与体验

　　建筑空间速写是以静态的建筑物和建筑空间为主要描绘对象，了解和解读建筑空间是画好建筑速写的前提。建筑空间是人们人为地为了满足人们生产或生活的需要，运用各种建筑主要因素与形式所构成的内部空间与外部空间的统称。它包括墙、地面、屋顶、门窗等围成建筑的内部空间，以及建筑物与周围环境中的树木、山峦、水面、街道、广场等形成建筑的外部空间。以形体为基础所构成的建筑与环境空间，其建筑本身、建筑群体间、建筑与城市间都普遍存在一定的空间关系。随着人们生活质量的日益提高和建筑类型的多样性发展，建筑空间作为建筑的本质和内在属性，在一定程度上也反映着社会文化的发展与人们审美情趣的倾向。

　　1. 空间的原理与功能

　　空间是指物质存在的一种客观形式，由长度、宽度、高度表现出来，是物质存在的广延性和伸张性的表现。老子在《道德经》里有句名言："埏埴以为器，当其无，有器之用。凿户牖以为室，当其无，有室之用。故有之以为利，无之以为用。"这句话用来解释建筑空间非常恰当，即人们建房、立围墙、盖屋顶，而真正实用的却是空的部分，围墙、屋顶为"有"，而真正有价值的却是"无"的空间，"有"是手段，"无"才是目的。一切物象都占有一定的立体空间，物与物之间也存在着一定的距离空间。可见，空间的概念存在于我们意识中的每个角落。

　　建筑速写的空间所指范围较广，包括单体建筑物的高度、宽度及深度空间、建筑配景空间、建筑群组深度关系空间、建筑内部空间、建筑门窗、孔洞的空间等，各种大小空间非

3-1　姜萍萍《中国美术学院象山校区写生》，2012，纸本水笔加马克笔，29.7cm×42cm，私人收藏

3-2　谢庭苇《上海城市雕塑艺术中心写生》，2012，纸本钢笔，42cm×29.7cm，私人收藏

常丰富，合理的透视是统一这些错综复杂的实体空间关系的有效手段。被形态所包围、限定的空间为实空间，其他部分称为虚空间，虚空间是依赖于实空间而存在的。所以，谈空间不能脱离形体，正如谈形体要联系空间一样，它们互为穿插、透漏，形体依存于空间之中，空间也要借形体做限定，离开实空间的虚空间是没有意义的；反之，没有虚空间，实空间也就无处存在。有什么样的空间，就必然会产生什么样的外部形态。外部形态是内部空间的反映，而内部空间包括它的形式和组合情况，又必须符合功能的要求。所以，建筑形态不仅是内部空间的反映，还是建筑功能特点的反映。解读和记录建筑空间是建筑速写的目的。（图 3-2）

3-3　汪铮阳《中国美术学院象山校区教学楼写生》，2012，纸本马克笔，42cm×29.7cm，私人收藏

2. 建筑速写空间表现要素

在建筑的语境中，空间处理关乎以下因素，只有明白了空间的要素，面对建筑空间时，我们才能有的放矢、选择性地用速写去表现空间、记录空间：

（1）空间的体量和尺度

意大利著名建筑师布鲁诺·赛维，在他的《建筑空间论》中曾谈道："尽管我们可以忽视空间，空间却影响着我们，并控制我们的精神活动。"空间的体量有大小，空间的体量影响人对空间感受的舒适度。空间的舒适度是以人的尺度和心理接受的感觉为基准，过大的空间会失去家庭的温馨感、亲和感，有关研究表明，引起人们心理体验的，不仅是建筑物的物理实体，主要是使用建筑空间的人和活动。

尺度问题就是在空间的两个高度：绝对高度（实际层高）和相对高度。空间的高度对于人的精神感受的影响很大，这可以从两方面分析。一是绝对高度：以人为尺度，高度过低会使人感到压抑；高度过高会使人感到空旷、不亲切。另一个是相对高度：空间的高度与面积的比例关系，相对高度愈小，顶盖与地面的引力感愈强。相对高度不能只着眼于尺寸，而要联系到实际的平面面积，人们在实际生活经验中体会到，在绝对高度不变的情况下，面积愈大空间愈显得低矮。另外，作为空间顶界面的天棚和底界面的地面要相互平行、对应，如高度和面积保持适当的比例，则可以显示一种互相吸引的关系，这种关系可以造成一种亲和、适宜的感觉。

（2）空间的形状和比例

不同的形状空间，往往使人产生不同的感受，空间形状关系到功能使用要求和精神感受，使其不但适用而且能按照一定的设计意图给人以良好的精神感受。对于一般建筑空间来讲，所谓形状就

3-4 韦霖悦《中国美术学院象山校区写生》，2011，纸本马克笔，29.7cm×42cm，私人收藏

3-5　骆洋《上海1933老场坊》，2015，纸本水笔加马克笔，29.7cm×42cm，私人收藏

是指"长、宽、高三者的比例关系"。由不同形状体量组合而成的建筑体形，可以利用长、宽、高三个度量要素在形状方面的差异性进行对比、组合以产生变化。在设计过程中，首先应处理好建筑物整体的比例关系，也就是从组合入手来推敲各基本体量长、宽、高三者的比例关系。空间体现建筑的本质属性，空间形态是建筑空间与环境空间的基础，内部空间的形态决定建筑内部空间的整体效果与视觉美感。

（3）空间围与透关系

在建筑空间中，围与透是相辅相成的，只围而不透的空间会使人感到闭塞、气闷；只透而不围的空间尽管开敞，但这样的空间犹如置身室外，违反了建筑的本意和初衷。所以围与透是两种互相对立又统一的因素。住宅设计中的居室和客厅、餐厅等公共空间应朝向环境好的面，应争取透；像卫生间、厨房等较私密的房间所需朝向不一定很好，应尽量围。

3．空间体验下的记录

建筑空间速写就是建筑空间体验下的记录。如同卒姆托，他把对建筑的亲身感受和具体经验与知觉当作建筑设计的源泉，从而自然地形成结果，正如在《观察事物的方法》一文中卒姆托所言："对建筑的知觉来源于直接的感觉、体验和场所感，甚至包括孩童时代的生活经验。"作为居住的空间、社会的容器，建筑似乎被提升到了一个哲学的高度。但是，蕴含着情感寄托的空间，也是真实的、可感的。它借由建筑师个人的经验感受，引起集体的共鸣。这份共鸣通过有形的实体进行表达，却是形而上的、持久并震撼的。有时，这份说来复杂的联系，正是通过简洁形式的速写语言来书写并传达着的。

3-6 叶冬松《永定土楼写生》，2011，纸本钢笔，29.7cm×42cm，私人收藏

海德格尔（Martin Heidegger）在那篇题为《建造、栖居、思想》的文章中这样写道："活在物之中，是人类存在的基本原则。"生活在建筑里，是人日常的基本需求，而空间的体验与感受，渗透着生活存在的点滴。建筑空间是人们为了某种目的（功能）而用一定的物质材料和技术手段从自然空间中围隔出来的，它和人的关系最密切，对人的影响也最大，它应当在满足功能要求的前提下具有美的形式，以满足人们的精神感受和审美的要求。

建筑是居住的容器，建筑所表达的重点就是空间体验。空间体验一定要和建筑的性格相适应，而每个建筑的性格都是相对固定的，比如，博物馆有博物馆的性格，学校有学校的性格等等。再细分，战争博物馆和历史博物馆的性格是不一样的，幼儿园和大学的性格也是不一样的……建筑师都在找寻与建筑性格相适应的空间体验，这才是建筑设计的本质。当然某些建筑性格是多重的，你可以选择表达其中一点，也可以选择表达几点，这完全看你如何平衡自己的表达主题。建筑的美是由空间带来，就像剧本一样，作家给大家一个完美故事情节，靠的是组织故事情节的能力。建筑的美，靠的是建筑师综合处理所有因素的能力，给人提供健康、舒适的同时，通过技术的支持，使建筑散发材料质感的美，整体给人是一种穿透内心的共鸣和震撼，这就是现代建筑的追求和目标。

（二）速写选景

要画好建筑空间速写，首先要有正确的观察方法，学会如何取景。一般情况下，室内所占面积相对较集中，观察起来就较容易；而室外所观察的内容较多，范围较室内也大得多，所看到的景物

3-7 王小焱《村落写生》，2013，纸本钢笔，29.7cm×42cm，私人收藏

少则几十平方米，多则几千平方米，甚至更大。因此，如何取景对于学习建筑空间速写至关重要。

取景，就是将我们准备速写景物的最精彩或最有记录价值的部分纳入画面中。至于什么景才最精彩或最有价值，这因人因景而异，或者说会受绘制者的记录需要和审美观的影响。这方面虽没有固定的规定或标准，但大体是有一定规律的。我们之所以画建筑空间速写，是因为看到的景物让我们感动或觉得有价值、意义，让我们产生想手绘记录的冲动。既然如此，我们就想一下，这些景物中究竟是什么东西让我们感动和觉得有意义，这些东西就是我们取舍的尺度和标准，即凡是对景物主体有美化和衬托作用的画面都可放入景中，凡是有损景物美感或对景物构成瑕疵的画面都应避免。要做好取景，首先是要选择好恰当的位置（角度），其次是要注意景物的布局及大小比例，再次是要会巧妙避开不需要的东西，最后是要懂得使景物有临场感。当我们开始取景时，就要思考这几个问题，即哪个位置才是最佳观测点，需要怎样取景才能体现建筑空间，多大的比例才利于表现主题又看得清晰，从什么角度观察才有临场感，对那些有损主题的东西应该如何避开。（图3-7）

速写选景是比较考量个人审美和修养的。在户外写生时，你所面临的现实景物可能很杂乱，主景、配景、远景及观察的视角都是需要斟酌推敲的。通常情况下我们选择有远、中、近景的空间场景作画，有这三个层次，画面才有空间层次感。选好场景后，如果所选画面很有条理、层次分明，作画者直接构图绘制即可，如果选取的景色存在一定的不足，则应该适当地取舍或借景。在作画前不妨多从几个角度对所画的建筑进行认真的观察、分析和比较，做到心中有数、意在笔先，最后选择一个合适的角度、距离、视点来表现它。（图3-8）

3-8 兰若男《楠溪江村落写生》，2017，纸本钢笔，42cm×29.7cm，私人收藏

二、构图

　　"构图"一词来源于西方美术，在西方绘画中有一门课程就叫作构图学。构图在中国画里称"布局""章法"或"经营位置"，摄影中的构图称之为"取景"，设计中称之为"构成"。另外，建造的"法式"与"布局"，书法的"间架"与"布白"等也均指构图。不论是国画的"布局"，还是摄影的"取景"，都只涉及构图部分的内容，并不能包括构图的全部含义。绘画中构图的任务就是根据题材、主题思想和形式美感的要求，将经过选择的各个对象，按一定的形式法则适当地组织安排在画面上，从而构成一个协调的完整的画面，明确地表达其主题内容。它既是一种艺术手段，也是绘画的骨架，对一幅绘画作品的成败起着决定作用。（图 3-9）

3-9　马畅《上海里弄写生》，2013，纸本钢笔，42cm×29.7cm，私人收藏

3-10　叶彤《上海老民居写生》，2013，纸本钢笔，29.7cm×42cm，私人收藏

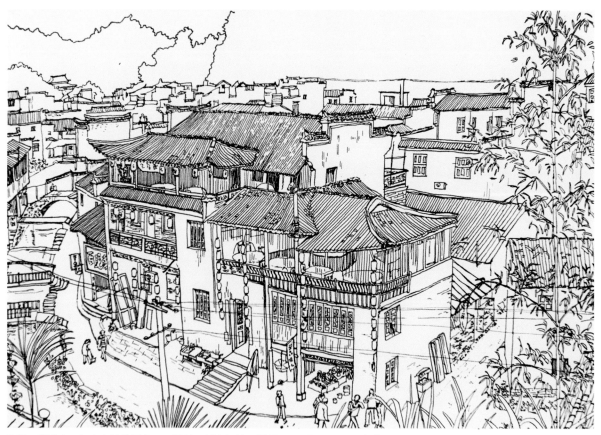

3-11　董玮奇《江南古村落写生》，2011，纸本钢笔，29.7cm×42cm，私人收藏

建筑速写的构图是指作画者在一定的平面上或有限的空间中，对所要表现的内容进行合理的组织与建构，以形成具有形式美感和表达画者意图的特定画面结构与空间组织形式。具体来说，就是把所要画的建筑与配景通过某种组构形式，运用线条、明暗、形态的造型手法，通过一定的构想，构成二维平面中立体建筑造型的一种结构关系。这些形体在画面中以何种方式组织呈现，将影响着建筑速写的空间表达。如同样角度的建筑，仰视的竖形构图，便于表现其参天耸立的高度空间；而横向的布局，则适于表现建筑与环境的宽度空间；建筑构图满而大，则不利于表现建筑整体的立体空间效果，却有利于局部空间的近一步塑造。所以说，仰视、平视、俯视的视点选择以及各部分的空间结构组织形式，都将影响着建筑速写空间的表现。

研究构图的目的是什么？就是研究在一个平面上处理好建筑空间的高、宽、深之间的关系，以突出空间主题，增强速写的表现力。构图处理是否得当、是否新颖、是否简洁？这对于建筑空间速写作品的成败关系很大。从实际而言，一幅成功的速写作品，首先就是构图的成功。成功的构图能使速写作品内容主次分明、主题突出、赏心悦目。反之，就会影响作品的效果，没有章法，缺乏层次，整幅作品就会不知所云。

1. 构图原理

构图的重要原理，体现为对比均衡和多样统一法则在绘画中的具体运用。通过这一过程，使充满矛盾的事物，有机地统一在一个符合形式法则的画面里。如布局上的宾与主、黑与白、疏与密；动态上的纵与横、往与复、动与静；刻画手法上的虚与实、松与紧、粗与细；造型上的方与圆、大与小、繁与简；整体结构上的开与合、藏与露、整体与局部；笔法上的顺与逆、轻与重、快与慢；笔墨上的浓与淡、干与湿；色彩处理上的冷与暖……以上所说无一不是矛盾的，无一不是变化的。但只有把这些矛盾统一起来，画面才能既丰富而又有变化，否则就会杂乱无章、支离破碎。（图 3-11）

2. 构图的基本原则

构图的基本原则讲究的是：均衡与对称、对比。

（1）关于均衡与对称

均衡是指整体的左右各部分依轴线或支点两侧形成不同形但同量的重心上的稳定平衡。均衡使作品形式于稳定中更富于变化。均衡是同量不同形的形态。大与小、多与少、疏与密、浅与深、虚与实等原本矛盾的要素，通过在空间的经营布局达到平衡。

对称是指整体的各部分依实际的或假想的对称轴或对称点两侧形成同形同量的对应关系，它具有稳定与统一的美感。对称是一种自然的美，普遍存在于自然界中，放眼宏观和微观世界可以发现，地球、人、鸟、虎、鱼、青蛙、爬虫、苍蝇、蛐蛐、树叶、鲜花、蝴蝶、贝壳、鸡蛋、种子、细胞等，都是对称的物体。对称性的观念是人们在观察自然界各种事物的几何形状时逐步形成的。对称是同形同量的形态。对称主要表现形式为左右对称和上下对称。对称的稳定感特别强，对称能使画面有庄严、肃穆、和谐的感觉。比如，我国古代的建筑就是对称的典范，但对称与均衡比较而言，均衡的变化比对称要大得多。因此，对称虽是构图的重要原则，但在实际运用中机会比较少，运用多了会有千篇一律的感觉。

均衡与对称是构图的基础，主要作用是使画面具有稳定性。均衡与对称本不是一个概念，但两者具有内在的同一性"稳定"。稳定感是人类在长期观察自然中形成的一种视觉习惯和审美观念。因此，凡符合这种审美观念的造型艺术才能产生美感，违背这个原则的，看起来就不舒服。均衡与对称都不是平均的，它是一种合乎逻辑的比例关系。平均虽是稳定的，但缺少变化，没有变化就没有美感，所以构图最忌讳的就是平均分配画面。（图 3-12）

3-12 谢庭苇《上海街头》，2013，纸本钢笔，29.7cm×42cm，私人收藏

在构图中最讲究的是"品"字形和三七律。品字形构图和三七律构图的方式常被人们称为黄金构图法，也有叫作守衡的三角构图法，这些都是指均衡而言。"品"字形构图就是在画面上同时出现三个物体的时候，不能把它们等距离放在一条线上，而应使其呈现三角形状，像个品字。只要留意，这种三角在自然界中是无处不在的。大山就是由无数的三角形成，上下交错，井然有序，犹如一个巨大的品字状或三角形，具有强烈的排列韵味。"三七律"构图就是画面的比例分配三七开。若是竖画面，上面占三分，下面占七分，或上面占七分，下面占三分；若是横构图画面，右面占三分，左面占七分，或是右面占七分，左面占三分。在中国画界中这种三七开构图的布局被称为是最佳的构图布局比例关系。所谓最佳，并不是单一或唯一，在特殊情况下，根据题材的需要，也是可以打破的，二八律或四六律也可以使用。艺术讲究的是有法而无定法。如能把均衡与对比运用自如了，也就算掌握了构图的基本要领了。

（2）关于对比

对比的巧妙运用能增强画面的艺术表现力。构图中的对比，是为了突出主题和强化主题，对比各种各样，千变万化，比较容易掌握，但要注意不能生搬硬套，牵强附会，更不能喧宾夺主。（图3-14）

①疏密对比：疏密对比是指画面中的线、面组合排列的关系。它的运用首先与取舍密切相关，取则密，舍则疏，密则繁，疏则简。疏密来自取舍，对比则是取舍的依据。根据建筑空间形态与场

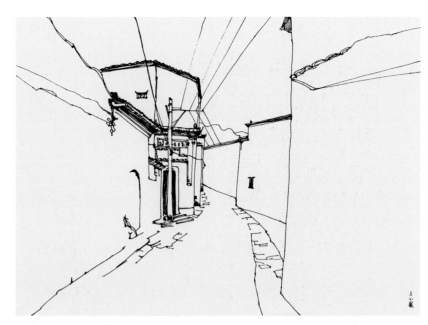

3-13　王小焱《村落的小巷》，2012，纸本钢笔，29.7cm×42cm，私人收藏

3-14　许雅妮《从院门外看院子》，2012，纸本钢笔，42cm×29.7cm，私人收藏

景特征而定,在大的疏密关系之下,再注意到具体的疏密变化,古人所谓"疏可走马,密不透风""疏中有密,密中有疏"即是此意。

②虚实对比:虚实既与疏密有关,也与轻重有关。疏密是线、面排列并置之远近,虚实则是线、面之有无。古人曰"大抵实处之妙,皆因虚处而生",线面的组织安排,要看到空白处,亦即虚处,空白大小不一,疏密自然有变化。轻重则是虚实的另一个对比概念,主要是指密处即实处的具体变化。轻则虚,重则实,以轻托重,以虚衬实。可以表现形态结构的空间感。

③长短对比:长短对比主要是指以线为语言或基本以线为语言的建筑空间速写而言。线的长短与疏密有关,短线则密,长线则疏,但这种规律只限于轮廓线,形体内部的疏密,关键在于线的排列。整体画面效果短线过多,画面效果易于破碎;长线过多,画面效果则容易简单化。长短对比是指对应关系而言。长多则用短的调整,反之短多就用长的补充,这样才有线条的变化。

④曲直对比:一张速写里曲线多了容易感觉到软弱,直线多了则感觉呆板。直中有曲,曲中有直,线的运用自然就会有一种轻松感。曲直对比变化的同时也可以构成建筑形态边缘上的起伏变化。起伏变化是曲直变化的衍生状态,形体外缘的凹凸、高低不同,可以使线条更具美感和表现力,也使建筑形态更丰富。

3. 构图方法

谢赫"六法"中称为经营位置也就是构图。经营位置说明作画是个要动脑筋推敲、研究布局画面的问题。作画者有了绘画对象,通过画面形式将其传达给观众,使观众感受自己的想法和美感,从构思到画面,遇到的第一关即是构图。要研究主体部分放在哪里,次要部分如何搭配得宜,甚至空白处、气势、疏密等的细节都要反复推敲,宁可没有画到,也不可没有考虑到,这种推敲布置的过程即是一种经营。理想的构图既要多变化、多层次,又要统一和谐。

在《芥子园画传》的山水部分,总结出构图学上的一个普遍问题,就是高远、深远和平远的三远法,实际上是如何表现山水境界中的高、宽、深三度空间的方法。北宋郭熙在所著《林泉高致》一文中提出:"山有三远,自山下而仰山巅,谓之高远;自山前而窥山后,谓之深远;自近山而望远山,谓之平远。"《芥子园画传》中所说的高远,是从下面向上仰视,才觉得高远,我们今天应用透视学的观点,即把物象放在视平线上,就显得岸然兀立。由前面往里画出深邃之感觉叫深远。画面进深大,造成一种具有深远空间的意境。表现一点透视的街巷时可体现深远的意境。平远景色要画出前后左右辽阔的空间。平远画法大体上有两种:一种是矮山及丘陵的平远山水,一种是只有田园河流的平原大地(图3-15)。

(1)宾主关系

在构图中要宾主分明,要有主次,不能平均对待。包括画面位置安排、黑白的处理、笔墨的变化。既不能"宾主不分",也不能"主客倒置",更不可"喧宾夺主"。但宾的部分也不能忽视,因为宾的部分处理适当,将有助于主体形象的鲜明与突出。

(2)虚实关系

在构图中物象的具体表现无外乎有无、多少、疏密、聚散、争让、详略、松紧、浓淡、干湿、轻重等。虚与实是处理构图层次的重要方法,好的构图,必须充分地考虑好虚实关系。无论是景物与主次的分布,或是笔墨浓淡、详略、干湿等关系的处理,都存在着"虚实"问题。虚实关系的关键在于虚的处理。初学者往往只注意"实",而不敢用"虚"。只实不虚,则味道单薄。虚实并用,才显得丰满与富于变化。

(3)纵横关系

在构图上纵横关系是指一些大的动线而说的。我国过去也有人在构图变化上提出所谓"之"字形。

3-15　杨佳伟《永定土楼写生》，2011，纸本钢笔，29.7cm×42cm，私人收藏

西洋的构图学里叫"S"形。从辩证法的高度去看，都可以叫作"纵横"关系。无纵不成横，反之也一样。这是常用的构图形式之一。

（4）开合争让

"开"表示展开，"合"表示联结，有如文章的起结一样。有合无开就会给人感觉整个一团，有开无合就会给人感觉没完没收。开合方向相背，不可相对，也不可相等。清代郑绩在《论景》一则中提出凡布景起处直平淡，至中幅乃开局面，这是指开始布局之后，必须注意展开局面，既经展开之后，郑绩又认为要有分有合，一幅之布局固然，一笔之运用亦然。在国画章法布局中，正须避免这种小的开合和小的争让。好的建筑速写构图颇像善于写文章的名手，笔下波澜的起伏，气象变动无穷，也看出作者胸中有丘壑，笔下有烟云的巧妙布置。

（5）疏密聚散

"疏可跑马、密不透风"这两句话强调疏密、虚实之对比，以反对平均对待和现象罗列。疏，指空的地方可以跑开奔马，当然是相对空间了；密，指密集的地方，连风都透不过去，当然是非常密集实在。所谓空白处不是无话可说、没有画意可寻，它正是为了衬托密实部分而增强空象，使它更能以少胜多，就像音乐中的休止符，使人有更多的浮想的余地，达到此时无声胜有声的效果。要善于借虚以见实，建筑速写的意境表达在于笔墨点到为止。前人曾提出大抵实处之妙，皆因虚处而生是很有道理的。密处即实处在构图中要更集中、更精彩地刻画，使线的形态充分发挥效果，对比下感到疏的更疏，密处更密，给观者留下强烈的印象。虚与实不可分割，是构图法的两个方面，孤立强调任何一个方面都是不恰当的。

密与聚是画面上的实处，疏和散是指画的虚处。但空不是简单的空白，而是其中有象，我们试

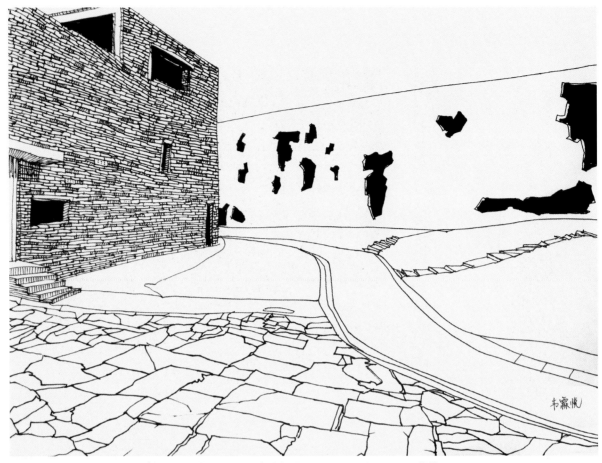

3-16　韦霖悦《中国美术学院象山校区写生》，2011，纸本钢笔，29.7cm×42cm，私人收藏

看八大山人的画，常常只画一花一鸟，单纯之极，纸上留出了大面积的空白，整幅画面空虚处，让读者自己去发挥想象，可以想象为天空、为白云、为水波，造成极大的回旋余地。但只有空白不能成画，所以还要有密处或实处来说明问题，最忌的就是平均布置，必须有聚有散，尽量展开，以求舒散，让人有山曲水幽之感。（图3-16）

（6）计白当黑

这句话也是来自清代书法家邓石如"计白当黑，奇趣乃出"，因为这一规律可通画理，转用在速写上，速写强调运用黑白对比，对空白经营很用心，为什么要留下一些空白呢？这好比戏剧、电影中人物的潜台词，如果把话都说尽了，没留下一点潜台词，这叫作平铺直叙。但邓石如的深意还不止于此，他是要求没有笔画处的白，当和有笔画处的黑一样引起重视，认真经营，让白中也有内容，有画意，而不是一块闲置没有画到的白纸。这就要斟酌白与黑的布置和呼应，这种空白不是可有可无，也不是无话可说了，这是言外之言，物外之趣，意味无穷。（图3-17）

（7）藏景露景

国画山水构图有藏也有露，既不能全藏，也不能全露，这样才能画外有画，不致一览无余，其实建筑空间速写亦然。然而何者该藏，何者该露，这要看景物内容而后决定。藏景是为了画面的含蓄，画船只画布帆，画酒家只画酒帘，画大城市只画楼顶或高塔之尖顶，其余的用云断法或藏于绿树中，这样比全部托出，更饶有画意，所谓言有尽而意无穷。但藏景是相对的，不可尽藏，必须有遮有露。一味藏景，易使画面潜晦不明，一味露景则索然乏味。中国画的山水常常是亭显一角、船出半复、用隐柳梢、石没半边，构成的景物有限，但意趣无穷。（图3-19）

3-17　佚名《中国美术学院象山校区教学楼写生》，2012，纸本马克笔，42cm×29.7cm，私人收藏

3-18 朱曦《中国美术学院象山校区 14# 楼写生》，2013，纸本马克笔，42cm×29.7cm，私人收藏

3-19　牛心童《楠溪江苍坡村写生》，2017，纸本钢笔，42cm×29.7cm，私人收藏

（8）补景点景

对以建筑为主的画面来讲，再画一些环境为陪衬，这叫作补景。多数人都有自己的作画顺序，先建筑，后景物，以背景烘托建筑，如道路、树木、花草、舟车、人物都应符合建筑需要。景物不能脱离建筑而随意增减，要把景物和建筑空间放在一起考虑，每补一景，要考虑是否有助于形象，有助作画之意图。点景中除了道路、景观、舟车之外，画好点景人物非常重要，因为在建筑空间中的人物，要寥寥数笔便能传神，且要与整体画面之笔一致协调，一般不作面部刻画，主要勾画动态，建筑速写中的配景人物要学会简化概括。（图3-20）

选景与构图，在建筑空间速写写生中，是一个独特的课题。只有到实际空间中去观察、感受、选景，现场取景构图速写练习，才是提高速写选景构图能力的有效途径。常常会有这样的情况：到外面去找写生的景物，东跑西转，花了很多时间，可仍找不到自己觉得可以作画的对象。其实，并非没有美景可取，而是缺乏对景色的艺术感受和选取能力。这种能力是需要培养的，需要具备审美眼光；需要不断地进行写生实践、积累取景构图的经验；另外还要多看多研究、借鉴建筑速写中好构图规律和经验。可安排进行建筑空间速写构图练习，画幅一般不大，工具也不受限制，每幅一二十分钟就可以完成。构图速写训练的目的，是为了提高选景构图的能力。所以，对景物的形象记录或塑造不是主要的。这样的构图练习，题材广泛，形式多样，如持之以恒，可大大提高观察、感受能力和视觉形象记忆能力。

总之，速写的构图规律要在写生实践中去体会掌握，不要拘泥陈式，甚至有时候要巧妙地运用

3-20　波格索夫（俄）《街道即景》，2009，纸本钢笔，42cm×29.7cm，私人收藏

一些反常规的构图方式，可以形成某种特殊奇妙的画面效果。大胆尝试多种构图方式，吸取其他优秀作品的经验，以增强对画面构图的控制把握能力。

4. 视觉中心

一幅好的建筑空间速写作品，画面中一定得有一个视觉形式最跳跃的地方和一个最让人感兴趣的地方。前者，可以使画面显得响亮，很容易刺激观众的视觉神经；后者，可以使作品充满情趣而富有内涵。我们通常把这两个地方，称之为视觉中心或趣味中心。基于视觉中心的这一特点，在绘画中，很多时候，人们会把画面的主要元素放在画面的中心点偏上一些，也就是视觉中心的位置，这一位置通常是人在观赏作品最先注意到的地方。（图3-21）

突出并处理好画面视觉中心的方法有如下几点：

①利用透视因素，采用近大远小的方法突出主题；

②采用近实远虚的方法突出主题；

③采用对比因素突出主题（对比度强则近突出，对比度弱则远削弱）；

④利用冷暖因素突出主题（暖色前进突出，冷色后退削弱）；

⑤利用纯度因素突出主题（高纯度前进突出，低纯度后退削弱）；

⑥利用遮挡因素突出主题（主题在前，陪体在后）。

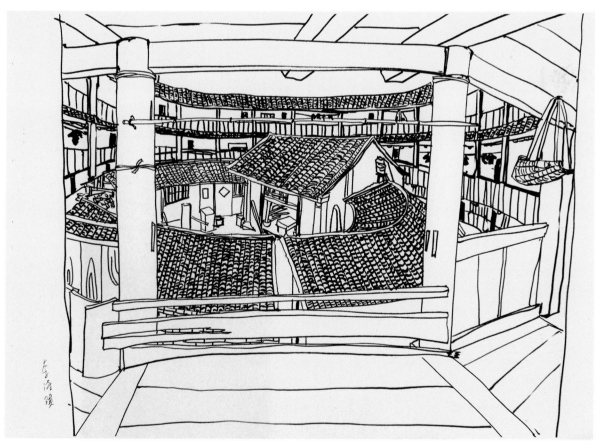

3-21　李诗琪《永定土楼写生》，2011，纸本钢笔，42cm×29.7cm，私人收藏

三、透视

透视是在二维平面上表现三维物体的立体空间感，即在平面上再现空间感、立体感的方法及相关的科学。透视是造型艺术的科学依据。对于建筑空间速写来说，透视的理解、掌握与运用相当重要。

在建筑速写空间表现中，要在二维的平面上表现立体空间，必须借助一定的透视规律和视觉化手段才能实现。从透视学的意义分析，可以依赖科学的焦点透视法，也称之为线性透视法，是物象在现实的空间中由其物理属性所决定的空间结构因素。建筑速写中对透视规律的运用主要是指焦点透视法，它是依据视觉中的近大远小、近高远低、近宽远窄、近长远短的原理，以物体的轮廓线和结构线为对象，表现空间距离的透视法。

1．透视原理

"透视"一词是由拉丁文"perspective"译意而来的，原意为"透而视之"。英文"perspective"的含义为透视感、透视画法、透视效果等。其含义就是透过透明的平面来观察、研究透视图形的发生原理、变化规律和图形画法，而所描的图形却如实表现了空间距离和准确的立体感，这就是物体的透视形。透视学研究的是如何把人们肉眼所看到的物体投影成平面图形。在造型艺术中，透视是指用线条或色彩在平面上表现立体空间的方法，是造型艺术的基础理论。建筑速写中合理运用透视，能够在平面的纸上徒手绘制出具有高、宽、深三度空间感的立体建筑形象，把二维平面空间演变为具有空间感的三维形态组织结构。

通常我们可以借助立方体来帮助理解建筑速写中不同透视的运用及其表现特征。

【概念】

视点：作画者眼睛所在的位置。

视平线：与画者眼睛平行的水平线。

地平线：与作画者眼睛等高的一条线叫视平线，视平线的高低是由视点决定的。地平线在视平线的下方，仰视时相反。平视时，视平线和地平线是一条线。

2．透视规律

（1）一点透视

一点透视是指立方体的透视只有一个消失点，且立方体中有一个面与画面平行的透视形式，所以也称平行透视。（图3-22）一点透视的最大特点是所有与画面垂直的平行线都消失在心点（视点对物体的垂直落点）上。因此，灭点统一、动向集中、线条整齐是其空间表现特征，具有均齐、平展、稳定、庄重的视觉感受。在建筑速写中，一点透视的运用，常常选取建筑主体各个面中的一个与画面平形的面，而其他的各面则向远处消失，并且主要透视线都集中在心点上。这种透视对于强化画面的进深关系，表达建筑速写中的空间深度感最为有力，如纵深的室内、延伸的街巷或层次较多的建筑空间等。（图3-23、图3-24）

（2）两点透视

两点透视也叫成角透视，两点透视是指立方物体中没有一个面与画面或视平线平行，且消失在视平线上的消失点有左、右两个，这种透视又称之为成角透视。由于画面形成两个消失灭点，所以相对于一点透视空间表现特征，增加了一种画面生动、自然、富有变化的感觉。

两点透视是建筑速写常用的一种透视形式，在建筑写生中，与地面垂直的线都平行于画面左右两个边，画出来依旧呈垂直状态，向远处消失的线则分别集中在两个消失点上。（图3-25）其特点是可以同时看到建筑的两个面，消失点的定位可以距主体建筑一远一近，既强化了建筑物的体积感，又增加了画面的灵活性。建筑配景空间、建筑群组深度关系空间，建筑内部空间，建筑门窗、空洞的空间等，大小空间非常丰富，合理的透视是统一这些错综复杂的实体空间关系的有效手段。

3-22 潘硕《上海弄堂写生》，2010，纸本钢笔，42cm×29.7cm，私人收藏

3-23 赵悦《绍兴安昌老街写生》，2010，纸本钢笔，29.7cm×42cm，私人收藏

3-24 孙托尼《街道写生》，2008，纸本钢笔，29.7cm×42cm，私人收藏

3-25 沈子涵《楠溪江民居写生》，2017，纸本钢笔，29.7cm×42cm，私人收藏

（3）三点透视

三点透视也叫多点透视、倾斜透视。一般用于超高层建筑的俯视图或仰视图，也就是在左右和上下三度空间中都同时运用近大远小的变化规律。如我们从高空俯瞰城市的楼房产生的大小变化。三点透视，是由于其消失点有三点，分别消失于天点（或地点）和视平线上的左、右消失点，画面中没有一个面与画面垂线、视平线平行，所以又称为倾斜透视。通常三点透视是人在俯视或仰视观察时呈现的透视效果，在三点透视中几乎所有的线都是倾斜的，各面都将产生一定的透视现象，让人有一种不稳定的动荡倾向，也正是这种视觉感觉，打破了视觉常规，形成了独特的空间表现特征。在建筑速写中多用于表现高层建筑仰视图、建筑屋顶与建筑道路或规划与建筑的鸟瞰图。（图3-26）

只有熟练掌握以上三种透视，在建筑速写中表达空间体积方能得心应手。在建筑速写中，很多学生比较容易出现的问题是：透视视点选取不佳；透视幅度不合理；透视规律把握不到位。以上问题若能解决，建筑速写的空间和体积就比较容易呈现。在我们视线所及的范围内，事物都是近大远小、近实远虚，这就是透视最基本的要遵守的一点。

3．透视与空间知觉

建筑空间速写都是在短时间内完成的，画时主要依靠直观的空间知觉去捕捉透视。透视空间知觉是在空间体验的基础上形成的，比感觉更加复杂和完整。"空间知觉"这个概念，在心理学中的解释为："空间知觉的一种是对物体的形状、大小、远近、方位等空间特性的直观知觉。"它是在生活中不断与对象接触，通过感受和理解来反映客观事物的整体形象的心理过程。我们站在一座具有

3-26 蔡议蝶《上海美术馆钟楼》，2010，纸本钢笔，42cm×29.7cm，私人收藏

着百米之高的建筑上，俯视处于较低位置的建筑、车辆或人群时，其形态、大小、方位感与平视时的感觉截然不同，这便是透视空间造成的视知觉。它不同于我们近距离时所感到的存在实体的大小，这种感知为司空见惯的熟悉的形象注入了新的认知元素。这种效果使我们能够领会由于透视现象而显露出的新的建筑形态空间关系，也能够由新的认知创构建筑速写的新形象，产生更多的空间视知觉。

四、视平线与视点

1. 视平线

视平线就是与眼睛平行的一条线。我们站在任何一个地方向远方望去，在天地结束或水天相连的地方有一条明显的线，这条线正好与眼睛平行，这就是视平线。（图 3-27）视平线决定被画景物的透视斜度，被画景物高于视平线时，透视线向下斜；被画物低于视平线时，透视线向上斜。不同高低的视平线，产生不同的效果。

（1）室外空间视平线选择

正常情况下室外空间视平线选择在 1500mm—1800mm 为宜，即与"站高"相当。因为相对室内空间以坐立为主要活动状态而言，室外空间多以站立活动为主，以"站高"为视平线，也符合一般的视觉习惯。建筑空间表现视平线选择一般情况下以高度为 1500mm—1800mm 为宜，特殊情况下如高楼大厦表现视平线可定的更高。

（2）室内空间视平线选择

正常情况下室内空间视平线选择在 800mm—1200mm 为宜，即与"坐高"差不多。因为视平线定于"坐高"，能使空间在不失真的情况下看起来更加挺拔，同时也避免了画面头重脚轻的现象。在一些特殊情形下，视平线高度可以适当定在更低一点，如有大量餐桌、餐椅的餐饮空间，一般将视平线定位餐椅的高度。（图 3-28）

2. 视点

视点是透视学上的名称，也叫灭点。要把视点说清楚，还得从视平线、地平线、水平线这三条线上说起。这条线随眼睛的高低而变化，人站的高，这条线随着升高，看的也就越远，"欲穷千里目，更上一层楼"就是这个道理。反之，人站得低，视平线也就低，看

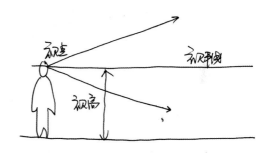

3-27 视点、视平线、视高

3-28　艾伦·T.亚当斯（英）《工作室室内写生》，2007，纸本钢笔，29.7cm×42cm，私人收藏

到的地方也就近了、小了。按照透视学的原理，在视平线以上的物体，如高山、建筑等，近高远低，近大远小；在视平线以下的物体，如大地、海洋、道路等，近低远高，近宽远窄。这样，以人的眼睛所视方向为轴心，上下左右向着一个方向伸延，最后聚集在一起，集中到一点，消失在视平线上，这就是视点的由来。

视点的作用是把人的注意力吸引到画面的一个点上。这个点应是画面的主题所在，但它的位置不是固定的。根据主题的需要，可以放在画面的上下左右任何一点上，不论放在何处，周围物体的延伸线都要向这个点集中。如果一个画面中出现了两个视点，画面就分散了，作为观众就不知摄影者所要表达的主题在何处了。画面上只能有一个视点，这是摄影与绘画在构图上的最根本的区别。绘画讲的是散点透视，而摄影只能有一点，不然摄影的构图和画面就会乱。

在建筑空间速写构图中，最重要的是选择视高，即视点的高低。不同视高的构图特点与表现目的是相互关联的。视高大致可分为仰视（低视高）、平视（一般视高）、俯视（高视高）三种。

（1）仰视

作画者的视点，接近地面或低于地面观察对象时，称仰视（低视高）。（图3-29）在写生中，坐在地面作画，必属仰视（低视高），地平线不能定在画幅二分之一以上的位置，应是接近画幅底线。也有一些仰视的画幅视点，可以在画幅底线以下。这种仰视的风景构图，表现的景物能产生巍然屹立、气势非凡的效果。（图3-30）

3-29 潘硕《上海美术馆钟楼》，2014，纸本钢笔，42cm×29.7cm，私人收藏

（2）平视

作画者站着或坐在较高凳子上作画对观察对象的视点高度。平视（一般视高）的视平线，在画幅中间部分，这种视高的构图，近似现实生活的环境，使观众有身临其境的感觉；但处理不好，容易使构图平淡，缺乏生动性。（图3-31、图3-32）

3-30 佚名《教堂立面仰视》，纸本钢笔，42cm×29.7cm，私人收藏

3-31　牛心童《楠溪江古村落写生》，2017，纸本钢笔，29.7cm×42cm，私人收藏

3-32　孙娜佳《中国美术学院象山校区写生》，2011，纸本钢笔，29.7cm×42cm，私人收藏

（3）俯视

作画者的视点，在人们头部以上，即从高处俯视地面景物。（图3-33）如到山坡上去写生地面景色，视平线必在画幅上部或幅外，可表现宽阔的地面和深远空间（景物与景物前后遮挡程度减少）。俯视（高视高）的透视构图，可以加强宽广的境界。（图3-34）

3-33　郑熙融《俯瞰环球金融中心》，2016，纸本钢笔，42cm×29.7cm，私人收藏

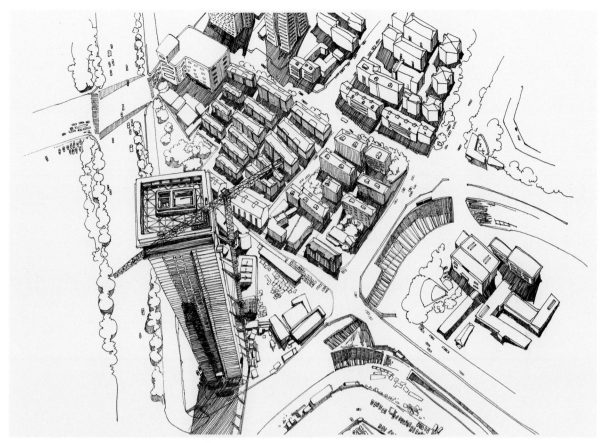

3-34 李三见《环球金融中心观光厅俯视》，2009，纸本钢笔，29.7cm×42cm，私人收藏

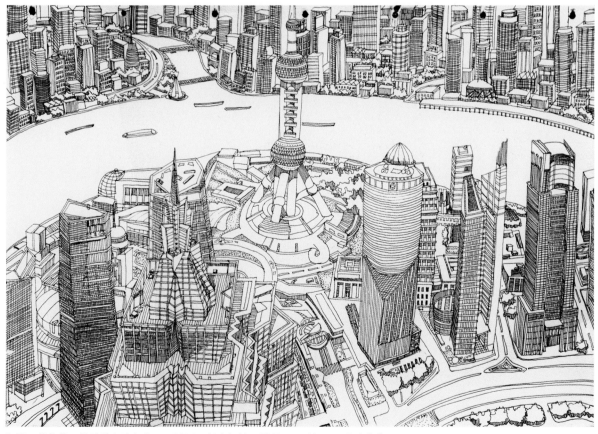

3-35 姜萍萍《俯瞰浦东陆家嘴》，2014，纸本钢笔，29.7cm×42cm，私人收藏

五、明暗与光影

1. 明暗规律

速写中的明暗色调是由画面线条排列的疏密构成的具有明暗变化的色调，以对物象做概括而深入的表现，或将笔侧卧于纸面放手涂画擦抹，或用毛笔蘸墨汁大片涂抹或干笔皴擦，以获得富有丰富变化的色调。简练、概括是速写的基本特征。以明暗色调为主要表现手段的速写，在明暗色调的运用上与一般素描相比，需要特别强调简练与概括。无论是运用色调表现物象的形体结构、动态特征，还是运用明暗色调表现物象的空间关系、情绪气氛，都必须做到简练、概括。（图3-36）要注重抓好黑、白、灰的大关系，控制或减弱中间灰色层次，切忌对物象明暗色调进行客观的如实描摹。（图3-37）

3-36　佚名《上海七宝古镇》，2013，纸本钢笔，42cm×29.7cm，私人收藏

3-37　李颖懿《上海的晾衣杆》，2013，纸本钢笔，29.7cm×42cm，私人收藏

　　明暗对比是速写最基本的表现语言，黑白对比可以使画面效果响亮，加强表现力度，它的对比效果运用，一般有三种类型。

　　（1）利用光源的关系，加强局部黑白对比。

　　（2）利用客观物象的固有色度，加强整体的黑白对比关系。

　　（3）运用取舍的原则，人为的艺术处理，加强平面色块的黑白对比关系。

2. 光影效果

　　光影的原理主要是通过光照的角度和物体本身的阴影来具体体现的。在一般的日常生活中，光源有人为光线和自然光线，这两种光线形成的光影基本是不相同的。在日常生活中我们不难发现，太阳日照光和灯光照射的阴影是不同的，在室外和室内的环境中，同样的物体会有不同的阴影表现。因此，在绘制阴影的时候也要注意光源的设定。当表现同一个物体的阴影时，根据光源的强弱不同，从近到远的阴影是完全不同的。因此，在绘制的过程中，我们还需要了解光影的形成。

　　光影效果主要靠强烈的明暗对比产生光感和黑白灰，所表达出的效果非常强烈，画面效果容易跳出来。光影明暗在整体画面起到渲染和调整的作用，在线的基础上，加一些明暗调子，效果会比较强烈。（图3-38）在色调上我通常把建筑空间分成三部分——黑、白、灰的色调对比。在光影上把受光理解为线，背光理解成面，所以受光多留白来表现，背光就用面排列调子来表现达到线面结合的效果，同时注意投影的形和色调。画光影要结合建筑体块的透视变化来理解，这样能立竿见影地表现形体空间关系。

3-38　吴昊文《永定土楼写生》，2011，纸本钢笔，42cm×29.7cm，私人收藏

第四章　步骤与画法

一、建筑速写步骤

　　速写是在较短时间内迅速将对象描绘下来的一种绘画形式，它具有收集绘画素材、训练造型能力的功能。速写最能表现出绘画者敏锐的观察能力和对物质世界的新鲜感受，画面生动是速写的一个显著特征。因作画时间短，在描绘对象时，放笔直取，它可随时描绘我们周围生活中的任何物象。所以，常画速写能使我们养成注意观察记录建筑空间的良好习惯。长期坚持画速写，可为日后的设计创作积累丰富的设计素材。

1. 立意取景

　　立意，就是速写绘制者通过画面表现的主题思想，或者说是绘制者想让人们看到速写后产生的

4-1　廖磊《上海街头》，2013，纸本钢笔，29.7cm×42cm，私人收藏

感受或想法。在你动手画速写之前，面对建筑空间或建筑物为对象，头脑中一定要清楚你想要表现什么，如何构图，哪些是要重点描绘的视觉中心，哪些是可以简略表达的，前景、中景、后景是哪些。清楚了这些以后，就可以选择一个能更好表达建筑空间的透视角度。如果对象相对简单、小幅面的速写一般直接用钢笔或铅笔来画，不打透视线。这样，一是可以锻炼你的速写能力；二是可以发挥

4-2　佚名《村子里的台阶》，2009，纸本钢笔，42cm×29.7cm，私人收藏

线条的魅力。不拘泥于严格的透视，不受透视线的约束，只要做到线条流畅自然，表达清晰准确就可以了。如果描述对象复杂、画大幅面的建筑空间速写，绘制前可先用铅笔轻轻地勾画一下透视线，定几个约束点，这样可以更好地快速准确地把握建筑形体。

　　画速写前要预先想一想，然后再下笔。画前先想，思考如何表现对象，做到胸有成竹，要抓住你所感受到的主要方面，不要面面俱到，不要按素描的标准来画速写，在练习中抓住建筑景物的大形态和大的比例关系。所以提高速写的水平，关键在于概括简化形体，才能力求短时间内完成绘制。速写是锻炼造型能力的重要手段，要求能迅速地抓住对象。画速写是练手的好方法，速写、默写、记忆是分不开的。画速写的同时，需要有一定的记忆在其中，有时则以记忆为主。练习速写最好是从慢到快，在慢中求熟练，在熟练中达到快的目的。

　　建筑空间速写的取景道理与摄影师拍照取景是一样的。取景角度的优劣关系到画面效果的成败。没有经验者可以自己动手制作一个取景框，用它来帮助观察和选景，以便选出更理想的角度，形成更完美的构图。所谓理想的或最佳角度，一是有利于表现所画的建筑空间，二是有利于画面构图。当然，要根据自己的爱好、兴趣和感受取景，确定所画对象即确定画面内容和主体，选择自己最想画的那部分景物。一定要克服不注意观察、缺乏感受、坐下就画、见什么画什么的盲目性，应该通过速写写生练习，达到既学习表现技法又提高审美能力的目的。

2. 视点选择

　　取景角度确定后，要确定视平线在画面中的位置。视平线在画面的中间是平视构图，在画面的上方是俯视构图，在画面的下方是仰视构图。构图不同，画面的效果和气氛也不相同。（图4-3）确定取景角度和透视形式，是落笔作画前的构思阶段，构思充分是画好建筑空间速写的根本保证。

4-3　骆洋《上海老场坊》，2014，纸本钢笔，29.7cm×42cm，私人收藏

视点是指观察景物的角度，即从何处去观察景物。为能使景物表现得自然生动，要妥善选取视点的位置，人眼的总视域很大，但清晰的视域仅为总视域的一部分。对于摄影者来说，视点便是相机的拍摄位置。当你确定了要画的景物之后，首先要从各个角度对它进行仔细的观察和研究，把从不同角度得到的印象进行比较，从中找出一个最佳视点。而这个视点，便是我们要采用的速写位置。（图4-4）

4-4　陈汝怡《俯瞰上海石库门民居》，2015，纸本钢笔，42cm×29.7cm，私人收藏

如何选择最佳视点？最佳视点，应选择有利于主题表达的角度。各种角度都有各自的表现特点，只要有利于主题的表达，那就是合适的角度。作画者面对的景物，大多数是立体的。它们呈现出许多面，有正面、侧面、背面、顶面和底面，这些面各自展示出自己的特征。那么，从哪一个面去观察景物的形态才最能表现空间特质呢？我们应如何选择最佳视点？这需要从视点的距离、方向和高度三方面来考虑。

当我们观察一处景物时，远看和近看的效果是不同的。速写也是这样，面对一个对象物，需要从多远的距离去观察？画面取景应包括多大的景物范围，是作画者首先要决定的问题。人眼在观察景物时，能迅速把注意力集中到整个视野范围内最感兴趣的区域上，其余部位则被选择性地忽略，使集中观看的那一部分保持鲜明的印象。如果你想特别强调画面中的某一点，则可设法把这一部分强调出来。如果画面中有多余或碍眼的景物，就可以在取景时把它排除在画面之外，以避免构图零乱。因此，在选择视点时，首先要确定从多远去看，看整体还是看局部，看大的空间还是看具体构造，即画面中所包含的景物范围应该为多大，作画者在选择视点前应有明确的构思。

3. 构图

构图首先要安排视线的位置和主要形象的轮廓。为了集中反映主要形象，可以把某些次要形象省去不画，或在合理的范围之内在画面上改变它们的位置，使构图更加理想，主要形象更加突出。建筑速写比其他素描形式更能培养和体现人们的构图能力。（图4-6）多画建筑速写，可以对不同的构图形式所体现的不同对比因素和形式美感有更深刻的认识与理解。

建筑空间速写构图应注意的问题：①构图不能太小；②构图时应注意重心的平衡；③构图不能太偏；④构图应注意主要形体的大小与位置；⑤构图应注意透视的变化；⑥构图应注意主次的比例关系、局部与整体的比例关系；⑦构图应注意建筑的结构构造。

4-5　王春威《从窗户看对面的屋顶》，2014，纸本钢笔加铅笔，29.7cm×42cm，私人收藏

4-6　董玮奇《河边的亭子》，2011，纸本钢笔，42cm×29.7cm，私人收藏

4. 刻画中关系的平衡

画面的完整性与局部刻画相关，但局部刻画不是面面俱到的描绘，而是有选择、有取舍、有概括的刻画，局部刻画与画面的整体是对比统一的关系。速写与素描不同，在于时间短，在于形象的概括洗练，速写的局部不能像素描一样深入地画，速写的局部刻画必须恰到好处、见好就收，这需要经验来控制。

建筑空间速写刻画的重点是画面中出现的主要形象或视觉中心，如果画面中出现近景、中景和远景，那么，中景是要重点刻画的主要形象，近景次之，远景再次。近景和远景应起衬托中景和烘托气氛的作用。要画好主要形象，首先要认识其特征，力争做到心中有数。例如画建筑，建筑形象五花八门，包括亭、台、楼、阁等。由于用途不同、构成材料不同，它们的构造特点也各不相同。当然，它们也都有均衡稳定的共同特点。若把建筑的基本结构特征画错，便会失去应有的美感，把透视画错也会歪曲其形象特征。又如画山，一般山是作为远景处理，相对笔墨应该最少。首先要观察山的高低远近，以及山峰间的沟谷结构，还要注意是石质山还是土质山等特点，方可画得简练扼要、确切生动。再如画树，树一般作为近景处理，首先要把握住树干的基本造型姿态，其次是把握树枝的生长位置和方向，最后是把握树叶的总体特点、形象和生长规律，一般根据建筑空间的形态刻画深入程度决定着树的结构形象。明确这些不同点，就可以画准不同种类及不同季节的树的不同形象。但无论采用什么方式刻画表现，速写多是一气呵成，或由前到后，或由主到从一遍画完。

二、强调与要点

1. 强调速写步骤和时间分配

在训练画建筑空间速写过程中需要有严格的步骤，这样才能有效提高速度和质量。提高速写的水平，严格按时间分配和步骤训练，才能力求短时间内完成比较有质量的作业。

（1）用简单的几条直线概括出建筑空间大的比例和空间形态关系。这一步骤很重要，它既能确定整体画面的构图，又能把握建筑空间的形态和比例。（时间安排：慢写15分钟，快写5分钟）

（2）从上到下，从左到右，从外到里概括简练画一遍。（时间安排：慢写20分钟，快写10分钟）

（3）进行细节深入刻画，整体主次、虚实的调整。（时间安排：慢写20分钟，快写10分钟）

2. 要点

（1）取景注意建筑空间的特点，视平线的选择很重要，要注意构图的完整性，可勾画小图进行构图比较。

（2）确定基本的形体比例，简练概括，不可面面俱到，要为下一步速写表现留有余地。

（3）作画时由上而下，由左而右，时刻注意画面的整体性。

（4）最后调整画面，速写一气呵成，调整也是对画面小部位或小细节的调整，切不可做大的调整，而破坏画面的生动性与整体性。

速写是最能锻炼作者眼、脑、手相互协调配合能力的，任何技能都有一个由生到熟、从量到质的转变过程。古人说，"废纸三千"，速写是人们认识画家面貌最直接最本质最准确的镜子。只要长期坚持画速写并从中不断体会感悟，就会越发感到表现对象时的顺手，画面也越来越美妙，速写兴趣也越发高涨，此时的你面对事物就会情景交融，手中自然而然就描绘出形与神、情与理、物与我具有和谐精彩的优美速写。（图4-7）

4-7　谢庭苇《上海外滩写生》，2012，纸本钢笔，29.7cm×42cm，私人收藏

三、配景处理与画法

　　建筑并不是孤立存在的，它的周边还有景物或人。一幅完整的建筑速写不会只是孤零零的建筑，势必会有与之相协调的环境、景物。只画建筑，不画周围环境场景，会少了点什么。我们可以看看大师们的建筑速写，无一不具有其独特的风格，而共同之处在于他们的建筑速写除了严谨地记录建筑的造型外，更认真地把环境景物真实地表达了出来。这无疑对训练眼的敏锐和手的准确是十分有益的，同时也有助于提高人们对建筑物及其周围环境的观察、分析和表现的能力。为了完整真实地表现建筑、环境及其尺度，要画一些山水、树木、草地、花卉、道路、铺地、车辆、人物等，这些就是配景。配景对渲染气氛，丰富画面，突出建筑物是不可缺的。配景可以给画面增加适当的活力，并将注意力集中于画面趣味中心。配景的适当运用不仅有助于增加画面的生活性和场景的真实性，更能在各方面提高画面整体上的表现力。

1. 人物

　　画面空间的特定场景决定了人物的多少、活动方式、人物的组合、服饰及许多其他因素。不论是工作、休闲还是体育活动，每一人物都应为特定的目的和季节而适当着装。建筑速写中的配景人物描绘要求简练，以表现人物的大的动态为主。（图4-8）

2. 植物

配景树在建筑风景写生中起着很重要的作用，是写生过程中必不可少的重要组成部分。配景树的处理手法比较灵活，有着很大的自由度。树的造型与处理主要根据与建筑物的关系而定，而不是只考虑树的本身塑造，因此在树的取舍表现上一定要起到衬托建筑物的作用，以突出建筑主体为目的。（图4-9）

在画面中，树木对建筑物的主要部分不应有遮挡。作为中景的树木，可在建筑物的两侧或前面。当其在建筑物的前面时，应布置在既不挡住重点部分又不影响建筑物完整性的部位。远景的树木往往在建筑物的后面，起烘托建筑物和增加画面空间感的作用，色调和明暗与建筑物要有对比，形体和明暗变化应简化。近景的树为了不挡住建筑物，同时由于透视的关系，一般只画树干和少量的树叶，使其留白，意到即可，不宜画全貌。（图4-10）

（1）从树干画起，再画枝、叶。此种画法能较清楚地表现树的结构。因树种不同而形成各自的姿态。如杉树、白桦，树干挺拔。柳树树干较大，树枝弯转向上，细枝条向下垂。河边垂柳树干一般倾斜向河的方向。松柏树干虽然不是很直，但劲挺的姿态给人以不屈的感受，在画树时，首先对树干要有总的印象，画起来就较易总体把握了。树干因各自的树种不同，除了姿态变化外，在纹理上也各有自己的特征，作画时要特别留意，另外画几棵树在一起时，要注意树干的各自姿势及相互的呼应关系。

（2）从树叶画起，再画树枝、树干。此种画法较易表现树的动势，叶子浓密的树用此画法能很好地表现出描绘对象的特性。以线勾画树叶，不要机械地对着树叶一片一片地勾画，要根据不同树的叶子的形态，概括出不同的样式，加以描绘。《芥子园画谱》中有类似的树叶点法可以参考，要灵活运用。用明暗色块表现树叶，则是根据树叶组成的团块进行明暗体积、层次的描绘。在适当的地方，如一些外轮廓处或突出的明部，做一些树叶特征的细节刻画。

3. 交通工具

画汽车要考虑到与建筑物的比例关系，过大或过小都会影响到建筑物的尺度。另外，在透视关系上也应与建筑物相互协调一致，否则，将会损害整个画面的统一。

4-8 配景人物画法，转自《奥列佛风景建筑速写》（美）奥列佛著，杨径青、杨志达译

Talstation am Kongresszentrum. Innsbruck.
Zaha Hadid.

Tony Sun 08.10.

4-9 孙托尼《入口》，2008，纸本钢笔，42cm×29.7cm，私人收藏

4-10 佚名《放鹤亭》，2009，纸本钢笔，42cm×29.7cm，私人收藏

4-11 佚名《芭蕉翠竹白墙黑瓦》，2009，纸本钢笔，42cm×29.7cm，私人收藏

4-12 佚名《上海外滩街头》，2013，纸本钢笔，29.7cm×42cm，私人收藏

第五章　表现与形式

建筑空间速写的表现形式虽然因人而异，但总结起来无外乎有四种。以线造型是速写中最常用的表现形式。另外，线面结合也是常见的形式之一。除以上两种形式外，纯明暗的速写和结合淡彩表现的速写也比较有意思。速写的表现类型由作画时间、目的和工具特性决定。

一、线条表现

速写要求在较短的时间内画出所需要表现的对象。所以，以线条形式来描绘形象，是速写表现中最直截了当的一种方法。线条是速写的灵魂。线条除了具有描绘对象形态外，其自身还具有艺术表现力，不同的人在画速写的时候，会不知不觉将自己的艺术个性，通过线条的运用而表露出来。线性的表现方式主要是以单线的形式表现景物。线的变化是十分丰富的，中国传统绘画中"白描"，就是利用毛笔画出多种不同的线形，并总结出了"铁线十八描"之说，把线的变化运用到了极致。线条作为造型手段，是对景物的高度艺术概括和提炼，它抛弃了一切不必要的表面现象，着重表现和刻画景物的结构和形体特征，使其表现形式更加概括、简洁，特别适合于建筑师对建筑的理解和表现。以线作为表现语言是速写的主要特点。以线造型是表现物象的形体结构关系最直接的手段。以线造型舍弃了光影、明暗和体块，重在表现物象的形态和结构关系，表现物象的本质特征，这就是通常所说的"以线立骨"，即是指线的运用要强调线的表现力，利用线的长短、粗细、转折、顿挫、轻重、疾徐、刚柔、强弱、浓淡、光毛等变化去表现物象的形态、质感、动势、节奏、空间等造型因素的各个方面。使线融于形象之中，完成富有个性的造型形式的营造。（图5-1）

线是一种概括、洗练而又能动的艺术语言，线本身具有韵律美与节奏美。韵律是线的运动和变化所产生的自然，和谐的美感；节奏则是指线条的变化有规律的重现。线的韵律美和节奏美主要体现在两个方面：一是速写用线的种种变化顾盼呼应、统一谐调所形成的美感；二是每根线条本身有控制、有规律的起笔、收笔、行笔变化的反复重现。因此，线的韵律美和节奏美实际上是速写的表现力的综合展示。这种表现力来源于对生活的提炼，线只有以景物对象为客观依据，才能在脱离概念化的塑造。借助形象发挥线的艺术趣味，也与质感的表现一脉相承。线本身不仅要表现建筑空间的形态物象，又是画者本人对空间体验的内在情感的表露。线的种种变化可以表达观者无限的想象和美的享受。因此，从线的形式美感来说，只有状物传情的线条，才具有无穷的生命力和独特的审美情趣。（图5-2）

每个人画出来的线的感觉都不一样，线的笔法对于速写来说很重要，南齐谢赫在《古画品录》中的"六法"的第二个就说到"骨法用笔"，五代画家荆浩在《笔法记》中提到作画的六要："一曰气，

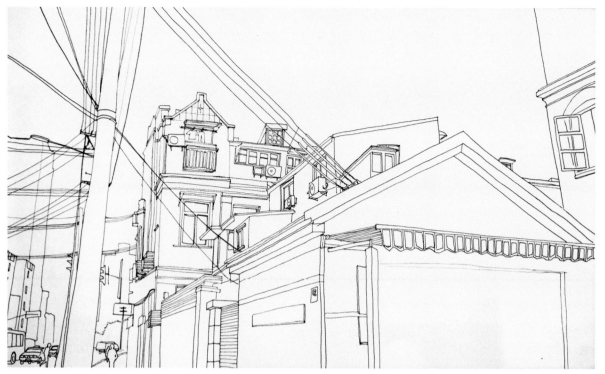

5-1　佚名《上海街巷即景》，2012，纸本钢笔，25cm×42cm，私人收藏

5-2　徐清妍《楠溪江民居写生》，2017，
纸本钢笔，42cm×29.7cm，私人收藏

二曰韵，三曰思，四曰景，五曰笔，六曰墨"，唐代张彦远《历代名画记》中指出："夫象物必在于形似，形似须全其骨气，骨气形似，皆本于立意而归于用笔。"很早就指出了用笔的重要性。简单地说，用笔的要求无非以下三点：

1. 有力：好的线条就像是卷曲的铁丝，"如铜丝萦盘"（图5-3）。用力平均，执笔平稳，起止分明，笔笔送到，平中见奇，"如锥画沙"。好的线条不仅从外部看有张力、有分量，而且有无尽的感染力，这种感染力是"内含筋骨"，如同太极拳术，一招一势皆含于内在，防止剑拔弩张。"六法"中称笔为"骨法"，骨是指的"骨力""骨气"，是由内部发生出来的一种支撑力，中国传统中的"平如锥画沙""留如屋漏痕""外柔内刚""绵里藏针""寓刚健于婀娜之中"等审美趣味，均是体现这种内在精神的审美准则。力透纸背乃指行笔中积蓄之力量，如同从纸里生发出来一样。（图5-4）

2. 流畅：指速写运笔过程中必须顺畅连贯，有连续性。用笔能控，使笔迹在运动中均匀自然，行笔要慢，笔力凝纸，力求不急不躁不飘不滑，有始有终，如"屋漏痕"运笔不仅有形的联系，还必须注意笔与笔之间的映带关系，在有节奏的气脉连贯的流动线条中，笔走龙蛇，顾盼生姿，互相呼应中生发出美的力量。

3. 变化：指笔迹中的起伏，线有方圆、朴拙、灵秀之不同。用笔有变化，要灵活而不滞，转折疾徐轻重顿挫，"如飞鸟投林，惊蛇入草"。不同的笔法有不同的表现力，我们在速写中始终要本着一个统一变化的法则，在速写写生的用笔中不同的用笔会产生不同的效果，这些变化主要表现为快慢、提按、转折、顺逆、虚实等。快慢指行笔过程中左右前进的力量的急迟，快慢不同而形成线条滑涩不同的两种美。快则流，慢则留；快则光，慢则涩。提按指入笔、行笔、收笔中的起伏、轻重的力量。提为起，按为伏，是运笔的上下之轻重的力量。提则轻，按则重；提则虚，按则实。转

5-3 李诗琪《永定土楼内庭院》，2011，纸本钢笔，29.7cm×42cm，私人收藏

5-4 姜萍萍《上海街头》，2013，纸本马克笔，42cm×29.7cm，私人收藏

折指笔锋转换方向时运笔的上下力量的不同，也就是在笔锋转换时向上提笔或向下按笔的力量的不同，线条呈现出来的不同效果。速写的用线布局要有虚实，要虚实相生，这样才可以互相衬托互相补救。

①线的穿插

线与线之间的穿插和呼应关系，是使画面富有节奏感的重要因素。同时，线的穿插呼应关系和透视关系对表现物象的空间感、层次感起着重要的作用。不同方向的线的组织穿插，给人前后方向感是不一样的，它可以直接表现物体的透视方向。但速写又不同等于线描，如果每一处的刻画都像线描一样注意衣纹等各局部，线与线之间的穿插呼应又失去了速写富有的节奏、流畅淋漓的韵味。（图5-5）

②线的取舍提炼

速写训练中，基本形肯定之后，对于线的处理应注意疏密对比，体现结构。建筑空间的"结构线"要准确，要实一点，线要准，要取舍提炼，不要看到什么就画什么。（图5-6）

③线的对比

在速写中，强调在形体比例、动态、透视等几方面准确的前提下，利用和强调线的对比，通常有以下几种对比手法：线的曲直对比、线的浓淡对比、线的虚实对比、线的长短对比、线的疏密对比、线的粗细对比。

5-5　波格索夫（俄）《城市街头》，2011，纸本钢笔，29.7cm×42cm，私人收藏

5-6　王小焱《江南古村落的小桥流水》，2011，纸本钢笔，29.7cm×42cm，私人收藏

二、线面结合表现

　　以线条与明暗色调相结合为表现手段的速写，又称为"线面结合的速写"，作为速写的表现要素，将线条与明暗色调结合起来，有利于发挥两者的造型优势，又弥补其二者的不足，是一种普遍采用的速写方法。线面结合表现手法，是速写常用的技法之一，可以轻松地达到黑白强烈对比的效果。用这种技法往往可以达到事半功倍的效果，暗面处不用考虑过多的细节，只要利用笔的侧锋大面积涂黑即可，具有很强烈的黑白视觉渲染力。从理论上讲，单纯的用线或单纯用面去表现对象都具有一定的局限性，单纯的线条表现不易表现对象的空间感和体积感，而单纯的用面表现，就无法表现对象的细节，无法抓住对象生动简洁的特征。采用线面结合可以是画面生动活泼、变化丰富。（图5-7）

　　线条与明暗色调相结合的表现手段和速写方法，对于速写对象其表现的适应性更为广泛，对于速写形式将带来更为多样而丰富的变化，对于作画者将带来更为自由的创作空间。线面结合表现能充分发挥线条抓形迅速、造型肯定、表现灵活的优点，又能充分发挥明暗色调丰富表现、强化形体、渲染气氛的优势。因此，将线条与明暗色调有机结合、融为一体、将增强速写的表现力。在线条与明暗结合的具体运用中，一是线条与明暗色调要有主次，切忌主次不分而相互"打架"；二是线条与明暗色调要紧紧围绕形象的表现有机地结合为一体，切忌烦琐而如实描摹。（图5-8）

5-7　佚名《上海老民居写生》，2013，纸本钢笔，42cm×29.7cm，私人收藏

5-8 佚名《古镇老房子》，纸本铅笔，29.7cm×42cm，私人收藏

线面结合的速写是在线的基础上施以简单的明暗块面，使形体表现得更为充分。它综合两种方法的优点，又补其二者不足。这种画法的优点是比单用线条或明暗画更为自由、随意、有变化，适应范围广。线比块面造型具有更大的自由和灵活性，它抓形迅速、明确，而明暗块面又给以补充，赋予画面力量和生气。例如遇到对象有大块明暗色调时，用明暗方法处理，结构、形体的明显之处，则又用线条刻画，有线有面，这种方法画人画景都很适宜。再如当一张画面上有景物有人时，也可采用线面结合的方法。后面的景物深的地方，几乎全用明暗法以块面画出，但前面的人物则又以线条表现，以大块的面来衬托出前面的人。

线面结合的速写画时要注意以下几点：

①用线面结合的方法，要应用得自然，防止线面分家，如先画轮廓，最后不加分析地硬加些明暗，很为生硬。

②可适当减弱物体由光而引起的明暗变化，适当强调物体本身的组织结构关系，有重点。

③用线条画轮廓，用块面表现结构，注意概括块面明暗，抓住要点施加明暗，切忌不加分析选择地照抄明暗。

④注意物象本身的色调对比，有轻有重，有虚有实，切忌平均。

⑤明暗块面和线条的分布，既变化，又统一。（图5-9）

5-9　孔彦君《楠溪江古民居》，2017，纸本钢笔，42cm×29.7cm，私人收藏

5-10 哈亦雯《上海石库门写生》，2014，纸本钢笔，29.7cm×42cm，私人收藏

5-11 叶梦佳《楠溪江民居写生》，2017，纸本钢笔，29.7cm×42cm，私人收藏

三、以调子为主

　　明暗色调作为速写的基本造型语言，运用十分广泛，且富有丰富的表现力。速写中的明暗色调，或用密集的线条排列，控制线条排列的疏密而构成具有明暗变化的色调，适合对物象做概括而深入的表现；或将笔侧卧于纸面放手涂画擦抹，而构成深浅不同的块面色调使物象的表现更为生动而鲜明；或用毛笔蘸墨汁大片涂抹或干笔皴擦，也可获得富有浓淡深浅变化的色调，而具有独特的审美

5-12　何箫然《楠溪江民居写生》，2017，纸本钢笔，29.7cm×42cm，私人收藏

5-13　谢丹《上海提篮桥老民居立面》，2013，纸本马克笔，25.4cm×42cm，私人收藏

5-14 张玥《上海石库门写生》，2014，纸本马克笔，42cm×29.7cm，私人收藏

5-15　隋铭玉《雨中的宁波街头》，2010，纸本钢笔，42cm×29.7cm，私人收藏

5-16　吴昊文《永定土楼写生》，2011，纸本钢笔，42cm×25.4cm，私人收藏

趣味和表现力。（图 5-17）这种表现手法是利用不同的线条进行排列，组合成明暗色调的效果。线条排列的方式也很多，可以是规矩的线条表现明暗效果，也就可以是自由的线条表现明暗。这种表现手法在有些局部的表现上很有效果，特别适合写实的表现风格，细致的刻画对象，一般作为长期作业花费的时间也很长。

5-17　陈喆《楼房立面写生》，2015，纸本马克笔，29.7cm×42cm，私人收藏

5-18　谢丹《上海某中学教学楼》，2012，纸本马克笔，25cm×42cm，私人收藏

简练、概括是速写的基本特征。以明暗色调为主要表现手段的速写，在明暗色调的运用上与一般素描相比较，特别需要强调简练与概括。无论是运用色调表现物象的形体结构动态特征，还是运用明暗色调表现物象的空间关系、情绪气氛，都必须做到简练、概括。（图5-19）要注重抓好黑、白、灰的大关系，控制或减弱中间灰色层次，切忌对物象明暗色调做客观的如实描摹。

速写中明暗色调的简练、概括与控制，一是要依据物象的形体结构特征，抓好明暗交界线的色调关系；二是依据物象固有色的深浅程度，处理好明暗色调层次；三是依据画面的需要，运用明暗变化规律，能动地调整和控制明暗色调。

5-19　佚名《14号楼的走道》，纸本马克笔，42cm×29.7cm，私人收藏

四、结合淡彩表现

5-20　佚名《民居写生》，纸本钢笔加水彩，26.5cm×42cm，私人收藏

5-21　佚名《街头写生》，纸本钢笔加水彩，29.7cm×42cm，私人收藏

速写淡彩表现的概念，不局限于钢笔与水彩的结合这一种方法，从表现工具上看，有水彩、彩色铅笔、马克笔、色粉笔、油画棒、水粉等，它们都可以与速写结合起来表现。工具、材料如果能巧妙地发挥其作用，便可以使之成为独有的艺术风格。用速写结合淡彩画建筑空间，画面效果会更丰富完整。（图5-22）

5-22　杰姆斯·安佐《教堂写生》，纸本钢笔加水彩，42cm×29.7cm，私人收藏

用淡彩的表现方法进行建筑空间速写的绘制，最常用的方法是钢笔与水彩、彩色铅笔或马克笔结合。水彩的特点是色彩透明、淡雅、层次分明，适合表现结构复杂、色彩丰富的空间环境。水彩作画工具携带方便，表现快捷。颜料溶水性很强，可以在调色盘中调配，也可以在湿润的纸上用笔调和。便于多次叠加渲染，技法的程序感很强。水彩透明性强，两种色彩混合可以产生新的色彩，相同颜色的叠加，会使色调加深一层，有助于丰富和增强画面效果，但是使用色彩要慎重。表现时可用专用水彩纸，也可以使用不同属性的纸张。（图 5-23）使用的墨水不可用水溶性的，否则会影响效果。彩色铅笔可分为蜡质和水溶性两种，一般水溶性彩铅应用比较广泛，易于着色，只需要加水即可调和。使用彩色铅笔美化建筑速写画十分有效。通过色彩的反复叠加和视觉混合体现色形效果。彩色铅笔的笔触也在速写中特征也很明确，可以产生一些肌理效果，但是要注意的是在同一区域内要谨慎的涂盖不同的色彩。同时，彩色铅笔的绘画方法同铅笔素描一样，可以结合水彩笔调水

5-23 佚名《小镇街头写生》，纸本钢笔加水彩，29.7cm×42cm，私人收藏

表现，也可以使用水性马克笔溶解彩铅的色彩，产生奇异的效果。因为彩色铅笔上色较为费时，所以经常可以使用点染的方法突出表现物的色彩。在钢笔速写的基础上上色，也可以先用马克笔画出明暗关系，再用彩色铅笔补充马克笔的不足，并刻画细节，起到色彩过渡的作用，使色彩更加细腻丰富。或是先用水溶性铅笔画出明暗和色彩关系，再用水性马克笔来调和彩铅速写的表现形式，因人而异，每个人都可以多尝试不同的效果。初学者在开始准备画速写时，首先可能考虑的是用什么工具最好，我个人认为最简单最方便的工具就是最好的，多工具中铅笔和钢笔用起来更方便易于掌握。且线条变化有层次丰富而细腻，利于深入刻画。钢笔和圆珠笔的线条没有浓淡变化，落笔之后无法修改这需要造型准确，下笔肯定。虽然较铅笔难于掌握，但更能训练自信和肯定的用笔能力。所以建议即使用铅笔也要尽量不用橡皮去擦。反复的修改和擦动不仅不利于锻炼准确的造型能力而且画出来的速写呆板不生动。所以画速写要养成肯定用笔的习惯，即使一条线给画错了也没关系，再画一条好了，有时画面中出现了重复错误，非但不影响画面效果反而使它更生动、丰富、鲜活。

5-24　唐亮《砖红色的屋顶》，纸本水彩，29.7cm×42cm，私人收藏

第六章 方法与功夫

一、方法

1. 提高速写能力的方法

速写能力的培养，一直是绘画基础造型训练中的关键所在。如何在短时间内提高自己的速写水平，是一个值得讨论的问题。初学建筑空间速写，应该由易到难，先选择景物单一和构造简单的场景进行训练，如室内场景的练习，进而逐步走向室外，到街道、村落、工地、车站、集市等较为复杂的场所去写生，并培养成随时随地收集记录各种空间场景的习惯（图6-1），为下一步进行设计创作做好准备。总的来说，如何进行速写的训练、提高速写能力的方法可以归结为三点。

6-1 陈筱凡《中国美术学院象山校区水岸山居》，2017，纸本马克笔，29.7cm×42cm，私人收藏

6-2 侯天艺《城中村的巷子》，2017，纸本钢笔加马克笔，42cm×29.7cm，私人收藏

（1）默识强记

速写离不开记忆，速写中带有默写的成分，所以从这个意义上讲，速写实际上是画家记忆力的体现。默写是通过大脑信息储存的形象积累，将片段的局部、零散的画面和形体，经过推敲，酝酿，分析，组合，去粗取精，然后以记忆追写的造型手段再现物象的形态。所以着手画速写时，先不要急于下笔，先多看几眼，观察默记，只有这样才能掌握捕捉对象的主动权。应该做到，第一眼就把对象的形态扼要地印在脑子中，第二眼、第三眼仅仅是加深、修正和补充罢了。没有第一眼的完整记忆，接下去会处在被动局面。第一眼的记忆肯定是最鲜活生动，而默写中的画面，大都是作画者最感兴趣的景物。

（2）简约取舍

到底需要取舍什么，具体的哪部分应该取，哪部分舍，很难用一句话讲清，这肯定是因人因景而异的。取舍归纳还由这幅画的构图要求而定，如画建筑形态时，墙面细节就可省略或只点两点，只画门窗；但同一幅画的内容每个画家取舍的地方也不尽然相同，允许"仁者见仁，智者见智"，因为每个人的兴趣点是不同的。简化景物、学会取舍是为提高整体观察能力，整体分析刻画建筑空间构造，最终要为画好建筑空间速写服务。

学会"取舍"处理是衡量速写是否成熟和优劣的关键所在。速写因时间制约，要在短时间内表现出对象的特征，必须有整体观察能力，表现什么和如何表现？要做到意在笔先和胸有成竹，就能有的放矢，才会做到取舍和概括，克服盲目性下笔方可得神助，否则看一眼画一笔是画不好速写的，画出来不是呆板就是琐碎。好的速写都是统筹画面，对事物做到恰到好处一气呵成，不多一笔不少一笔，笔笔生辉，从而使画面充满感染力。

（3）收拾整理

一般来讲，速写是忌讳整理的，因为经过整理加工，速写中原始的生动性就会减弱；但也不是说速写绝对不能整理，如果你感觉画完后效果比第一感觉弱，可以去加强它或调整一下。如果有些地方不整比较琐碎，那你可以涂改支离破碎之处，让主体更突出；如果有些地方有多余的败笔，那你可以去涂掉，让画面更舒畅；如果有的速写添加、修改仍不可补救，而这个画面又非常难得，画不好遗憾，那重新整理一幅也无妨。一遍不成两遍，有时可能比原始速写更生动，速写味更浓。总之，收拾整理是以保持画面的整体、简练为原则的。

学会对画面的黑、白、灰处理也很重要。速写一般是单色（素描范畴），黑、白、灰铺垫在画面形成的对比关系显得尤为重要。黑通过白才能达到极致，而白也需要黑的存在才体现其价值，在黑白二色之间有着广阔丰富的灰面层次，这是绘者要着重刻画深入的地方，这一层次的递进处理如何直接导致画面的丰富性和深入性，即是否耐看，画面能否出彩主要就靠灰这一层次来展现。

2. 速写训练的招术

建筑空间速写是一种学习用简化形式综合表现建筑空间形态的造型基础课程。速写能培养我们敏锐的观察能力，使我们善于捕捉生活中美好的瞬间；速写能培养我们的绘画概括能力，使我们能在短暂的时间内画出对象的特征；速写能为设计创作收集大量素材，好的速写本身就是一幅完美的艺术品；速写能提高我们对形象的记忆能力和默写能力；速写能探索和培养具有独特个性的绘画风格。速写是感受建筑空间、记录场景的方式。速写使这些感受和想象形象化、具体化。速写是由造型训练走向设计创作的必然途径。

（1）示范

老师示范作画是最直接让学生学习的方式。在画速写时，老师可以从头到尾示范一次，按照整体作画的步骤进行，先画什么，再画什么，让学生知道整体的观察方式，如何取景，如何构图，如

6-3　达布任斯基《街道》，1915年，纸本炭笔，29.7cm×42cm，私人收藏

6-4　周刚《湖州南浔写生》，1997，纸本钢笔，29.7cm×42cm，私人收藏

6-5　奥斯特洛莫娃·列贝捷娃《威尼斯》，1911，纸本铅笔，45.6cm×32.9cm，私人收藏

何表现空间构造,如何刻画光影,老师可以边画边讲,示范用线的感觉。线要体节奏感,即有粗有细、有直有曲、有长有短、有疏有密、有虚有实等的变化。示范使学生直观感受速写的过程,达到良好的教学效果。(图6-6)

(2)临摹

临摹可以学到别人画里你不会或者你想要学到的技法,可以体会作者的创作思维和表现方式,甚至试着感觉他的内心感受。临摹的目的是为了从别人那学习和获得自己需要的东西。无论你素描基础如何,你没有画过建筑速写都需要临摹。你可以先用速写的形式去画景物来提高你的线条感觉,当你对于形的感觉准了之后,可以去临摹建筑速写。即使素描功底很好的人,开始画速写的时候还是需要临摹的。临摹的作用在于让你了解建筑空间速写的表现技巧,包括线条处理、明暗、光影。多临摹可以训练掌握线条的处理与表现。如果基础差,临摹也不失为一种迅速提高自己速写水平的好办法,在你遇到画不进去的时候找些好的作品临摹,会让你得到意想不到效果。临摹完全可以帮你迅速提高速写水平,不过画画主要还是靠自己琢磨,临摹只是一种最初的学习方法。

画照片速写和临摹并没有可比性,而且画照片并不能叫作临摹,应该只能叫作画照片。画照片我个人认为不失为一种速写初学者可以采纳的练习方法,可以当作临摹速写和现场写生中间的一个过渡环节,但最终目的还是要回归到写生上来,因为真实的世界并不像照片这样是二维静止的,你需要练习自己面对现场迅速抓住建筑形态空间的能力。同时写生还存在一些透视的问题需要学着去处理,人眼看到的和照片呈现的毕竟还是两种画面,除非你想要练习的就是把照片转换为速写,不然还是要多写生才能帮助你更好地提高速写水平。

6-6 阿维格多·阿利卡《屋顶》,纸本水墨,32.4cm×43.5cm,私人收藏

（3）写生

速写写生来源于日常生活，从面对客观对象入手，是提高造型能力的最佳手段。速写写生训练极为重要，绘画中关于造型技法的训练，多从写生入手。在临摹中学到的表现技巧，直接运用到写生中来，学会如何概括、简化、生动地表现建筑空间的形态。（图6-7）

在速写训练中，是以要求数量为主，还是以质量为主呢？从速写教学的探索中，得到的答案是：在慢写阶段，主要是临摹阶段，以质量为主，要求学生以画好为标准。这样使学生有更多的时间感受速写的构图、透视、比例、形态和表现技法，并逐步熟练技巧。在能保证质量的前提下，逐渐缩短时间，加快速写的速度。要求学生画一张速写的时间从30分钟缩短为20分钟，以此逐减时间。临摹阶段的后期和写生阶段，要求转为数量为主了。当然，这个数量是在有质量保证的数量，即保质保量。

6-7　孙托尼《街头写生》，2008，纸本钢笔，42cm×29.7cm，私人收藏

二、功夫

要画好建筑空间速写，除了要经常到城市街区村落中去不断积累、勤学苦练以外，我认为有三个环节是至关重要的：一要眼到，即观察与取景；二要心到，即感悟与情境；三要手到，即技法与表现。

6-8　储立人《中国美术学院象山校区楼道》，2017，纸本炭精条，42cm×29.7cm，私人收藏

6-9　康察洛夫斯基《乡村的教堂》，1928，纸本铅笔，32.8cm×48cm，私人收藏

1. 眼到

初学画建筑速写往往会有两种困惑：一是不知该画什么；二是什么都想画，却不知如何处理。这就需要先训练我们的眼睛，要经常走进城市乡村中去观察、去感受，要能在平凡的景物中捕捉到那生动的某个侧面，要既能抓住表现空间的典型景物，又不可忽视大量的看起来一般而实际很有生活气息的日常空间。同时，还要善于在纷繁复杂的建筑景物中抓住那最动人的场面，抓住能表现建筑空间及情感的最主要的部分，而有意省掉那些无关紧要的枝节。同样一个景，在不同的位置欣赏就有不同的美感，从不同的角度去描绘就有不同的效果，所以，培养一双具有审美能力的眼睛，是画好建筑空间速写的基本保证。只有首先感受到美，才可能激起去表现它的欲望，也才可能通过立意、取景、构图，刻画成一幅优秀的建筑速写作品。

2. 心到

心到就是多用脑子。光看不画和闷头画都是不利于进步的，闷头画就是不用脑子。建筑速写并非如摄影一般纯客观地描摹对象，作者在表现客观景物的同时必然要渗入自己的主观感受。在实际写生中对建筑景物的概括与提炼，对素材的取舍与添加等就源于此。这种感受一半源于眼观，一半则得自心悟。人眼所及，心有感悟。眼观与心悟结合，是为建筑速写中的观察方法。眼观只能取其形，心有所感方能生其情。建筑空间速写虽是表现建筑自然景观，但同样要强调表现意境及情趣。这就需要我们对生活中的自然现象除了有敏锐的观察能力外，还应具有深刻的悟性，要善于理解和发现其有意趣的景物内容。而这些，有的需要作画者用心去捕捉，有的则需要在表现中着意铺陈。一幅优美的建筑速写，所表现的应是情景交融的意象，所体现的则是物我两忘的画境。

6-10　梅尔尼科夫《风景写生》，1969，纸本炭笔，29.7cm×42cm，私人收藏

3. 手到

绘画最终还是得看手上功夫。不管是谁，即使是拥有一双善于发现美的眼睛，或者对景物有超人的感悟能力，如果无法表现出来，也只能是纸上谈兵而已。因此，手到是速写写生中最为实质性的一个环节。手到或手写是具体技法的表现，不同的技法可以表现出不同的审美效果。如同样是线，有的轻松，有的凝重，有的流畅，有的滞涩，有的纤细，有的厚实，有的柔，有的刚，有的缓，有的急等，不一而足。因此，不同的对象，应采取不同的技法去表现。

在建筑空间中，包含着诸多相互对立的关系，如形意、主次、虚实、动静、疏密、大小、长短、轻重、曲直、前后、高低等。画建筑速写，就是要运用不同的技法将这些对立的关系统一起来，使之达到形意相依、主次相应、虚实相生、动静相衬、疏密相间、大小相成、长短相连、轻重相宜、曲直相结、前后相随、高低相倾的一种相互作用、相依相存的关系，使之达到内容、意境、情感的高度统一与完美结合。但是，技法固然重要，技法是死的，而人是活的，千万不可死套技法。一幅建筑空间速写水平的高低，除了技法以外，还取决于作者的修养品位及作画时的立意构思，立意要高，构思要巧，技法要活。画重技法，但无定法，无法乃为至法。因此速写表现技法要因景而变、缘情而化。（图6-11）

手到还是要多画多练，没有捷径可寻。一要找到一种适合于自己的工具技法，这样可以事半功倍；二要多画，要深入到城市乡村中进行大量的速写训练。想学就去画吧！不积小流，无以成江河，没有足量的技能训练，画好风景速写只能是一句空话，只要我们不断地到大自然中去体验，多练习，就一定能画出优秀的建筑速写作品。

6-11　陈筱凡《中国美术学院象山校区建筑》，2017，纸本马克笔，42cm×29.7cm，私人收藏

第七章 眼界至上

绘画也好，速写也罢，技法是首要的，但技法只是前提，最终还是靠作画者的艺术修养、品位和眼界分高低。

要画好建筑空间速写，一要多看多欣赏。在学习速写前，先学习欣赏，借鉴一些好的优秀的作品，以便从中领会作者的表现手法和不同风貌作品的表现力。从前辈大师的优秀作品中得到启示，学习国内外名家作品的风格和表现方法，提高对名家作品的鉴赏与感悟能力。

我们来看一下中外两位大师的作品：阿尔瓦罗·西扎（Alvaro Siza），葡萄牙著名建筑师，被认为是当代最重要的建筑师之一。他的作品注重在现代设计与历史环境之间建立深刻的联系，并因其个性化的品质和对现代社会文化变迁的敏锐捕捉，而受到普遍关注和承认。阿尔瓦罗·西扎的作品遍及欧洲各地，共完成世界各地 140 余项的建筑作品创作。他一生赢得了许多荣誉与奖项，获得过欧洲建筑奖、普利茨克奖、哈佛城市设计奖等一系列建筑界重要奖项。西扎的建筑速写作品源自他在旅行中的点滴记录，来自对生活的观察和写生，从作品线条的流畅与景物形象的把握，都可以看出他不仅是一位空间建筑大师，同时他也是一名杰出的画家。他的作品中蕴含高超的艺术眼界，下笔如有神。他手绘的线条都给予极其艺术的发挥，如诗一般的疏密对比、内外穿插，像天使一般作画，情调如同马蒂斯（Henri Matisse）一般。很少有建筑师或艺术家能像西扎这样精彩的速写写生（图 7-52 至图 7-60）。梁思成，建筑历史学家、建筑教育家和建筑师。梁思成的速写来自 20 世纪 20 年代的旅欧写生，多为文艺复兴时期的建筑，造型扎实，比例严谨，线条流畅，对细节都有交代，塑造十分过硬。这些速写说明作者是为了做学问做记录而画的，毫无哗众取宠之态。梁思成用一种不透明的活页纸来画，尺寸比 A4 纸略小，颜色泛黄。梁思成的速写用笔轻松随意，突显出作者的自信肯定，肆意挥洒的笔墨将眼前的景物一一铺陈开来，主景突出，建筑空间比例恰当，画面有序而潇洒。有一些还加盖"宾夕法尼亚大学建筑学院"（School of Architecture, University of Pennsylvania）黑色印章。梁思成自己有时候在图上钤印楷书"梁"字或行书"梁思成"红色名章（图 7-80 至图 7-85）。

二要有虔诚心、认真劲。画速写不是越快越潇洒就越好，快与潇洒是建立在对景物准确概括抓取的基础之上，准确概括是速写的筋骨，否则快与潇洒就没有意义了。虔诚与认真总会透过你画的每一根线条而表现出来，有时候艺术宁拙勿巧是有道理的。

三是要有品位地去画。品位的高低在于概括处理能力，画建筑空间速写最忌讳见什么画什么，什么都画，大小一把抓，不会概括，不懂处理。从景物到画面是要有转换的，这个转换就是概括处理能力，同样的景物，一千个人去画，就有一千种画面效果，可写实可表现，可工整可潦草，可粗犷可细腻，可全景可局部，可巧可拙，可轻可重……没有绝对的标准，也无画法的极限，但这一千种画面效果肯定有高低之分，眼高很重要，要学会有品位地去画。

黄公望在《写山水诀》中有"皮袋中置描笔在内，或予好景处，见树有怪异便当模写之，分外有发生之意"。这与今天的速写相类似。他告诉我们古代山水画家是如何以速写来搜集创作素材的。这与今天好多勤奋的画家，还保持着速写本子不离身，走到哪里画到哪里的习惯相似。速写是锻炼我们对生活的观察，分析与综合的能力，也是锻炼我们快速而概括的捕捉对象能力，这些能力对画家（尤其是初学者）是非常重要的。再者，速写也是培养作画者主观与客观世界相统一的一种作画的特殊形式，更是培养与提高审美感受的一个极好的方法。

　　总之，速写是一项持之以恒的训练，只有天天练、时时练，才会熟练生技巧，技巧产速度。

国外优秀建筑速写作品赏析

7-1　佚名《宫殿入口》，纸本羽毛笔水彩，纽约大都会艺术博物馆收藏

7-2　提香《乡村风景》，纸本羽毛笔，私人收藏

7-3　佚名《威尼斯运河》，纸本钢笔，纽约大都会艺术博物馆收藏

7-4　佚名《欧式壁龛》，纸本羽毛笔水彩，纽约大都会艺术博物馆收藏

7-5　佚名《有喷泉水景的》，纸本钢笔水彩，纽约大都会艺术博物馆收藏

7-6　佚名《宫殿柱廊》，纸本羽毛笔水彩，私人收藏

7-7　佚名《有柱廊的风景》，纸本铅笔，纽约大都会艺术博物馆收藏

7-8　佚名《柱廊》，纸本钢笔，纽约大都会艺术博物馆收藏

7-9　佚名《遗迹》，纸本钢笔水彩，西班牙普拉多美术馆收藏

7-10　佚名《旅行写生》，纸本铅笔，42cm×29.7cm，私人收藏

7-11　佚名《乡村风景》，纸本钢笔，纽约大都会艺术博物馆收藏

7-12　佚名《宫殿内景》，纸本钢笔，纽约大都会艺术博物馆收藏

7-13 佚名《宫殿拐角》，纸本羽毛笔，纽约大都会艺术博物馆收藏

7-14　佚名《拱券廊道》，纸本水彩，纽约大都会艺术博物馆收藏

7-15　佚名《拱券过廊》，纸本钢笔水彩，西班牙普拉多美术馆收藏

7-16　佚名《中世纪城镇广场》，纸本钢笔水彩，私人收藏

7-17 佚名《神龛》，纸本铅笔，纽约大都会艺术博物馆收藏

7-18　佚名《拱券廊道》，纸本钢笔水彩，纽约大都会艺术博物馆收藏

7-19 佚名《威尼斯圣马可广场》，纸本钢笔水彩，纽约大都会艺术博物馆收藏

7-20 佚名《某城镇广场》，纸本钢笔水彩，纽约大都会艺术博物馆收藏

7-21　佚名《某宫殿拱券过廊》，纸本钢笔水彩，纽约大都会艺术博物馆收藏

7-22 佚名《乡村农舍》，纸本钢笔水彩，私人收藏

7-23 佚名《从过廊看内庭》，纸本水彩，纽约大都会艺术博物馆收藏

7-24 佚名《城堡》，纸本钢笔，私人收藏

7-25 佚名《海边的城镇》，纸本水彩，私人收藏

7-26　佚名《有阶梯的拱门》，纸本水彩，西班牙普拉多美术馆收藏

7-27 约翰·康斯坦布尔《教堂室内》，纸本水彩，私人收藏

7-28　佚名《街景》，纸本铅笔，私人收藏

7-29　佚名《圣彼得广场》，纸本钢笔水彩，私人收藏

Florence Duomo Sept 9

John Russell Pope

7-30 佚名《佛罗伦萨百花大教堂》，纸本铅笔，私人收藏

7-31 佚名《从拱廊内向外看》，纸本水彩，私人收藏

7-32 佚名《钢架拱桥》，纸本水彩，私人收藏

7-33　佚名《威尼斯的桥》，纸本钢笔水彩，私人收藏

7-34 佚名《旅行速写》，纸本钢笔水彩，私人收藏

7-35 佚名《旅行速写》，纸本铅笔，私人收藏

7-36　佚名《城堡远眺》，纸本铅笔色粉笔，私人收藏

7-37　文森特·凡·高《黄房子》，纸本水彩，13.4cm×20.6cm，私人收藏

7-38　文森特·凡·高《乡村的房子》，纸本水墨，16.5cm×24cm，私人收藏

7-39　文森特·凡·高《精神病院走廊》，纸本水彩，61.6cm×47.1cm，纽约大都会艺术博物馆收藏

7-40　文森特·凡·高《拱券走廊》，纸本水彩，47.1cm×61.6cm，私人收藏

7-41　毕加索《风景》，1959，纸本水墨，35.5cm×50cm，私人收藏

7-42　乔治·修拉《黄昏的建筑物》，纸本炭笔，61.6cm×47.1cm，纽约大都会艺术博物馆收藏

7-43　埃贡·席勒《高低错落的房子》，1917，纸本钢笔，28.8cm×45.8cm，私人收藏

7-44 埃贡·席勒《克鲁姆有山形墙的房子》，1917，纸本钢笔，45.8cm×28.8cm，私人收藏

7-45　马克·夏加尔《乡村的房子》，纸本炭笔，私人收藏

7-46　惠斯勒《乡村的房子》，纸本炭笔，私人收藏

7-47 佚名《乡村的小巷》，纸本钢笔，私人收藏

7-48 阿利卡《街道俯瞰》，纸本铅笔，42cm×29.7cm，私人收藏

7-49　佚名《佛罗伦萨的街道》，1965，纸本炭笔，私人收藏

7-50 佚名《卢浮宫速写》，纸本铅笔，私人收藏

7-51　柴尔德哈萨姆《印象风景三》，1917，纸本铅笔，私人收藏

7-52 阿尔瓦罗·西扎《美国圣路易斯》1988，纸本钢笔，42cm×29.7cm，中国美术学院包豪斯博物馆收藏

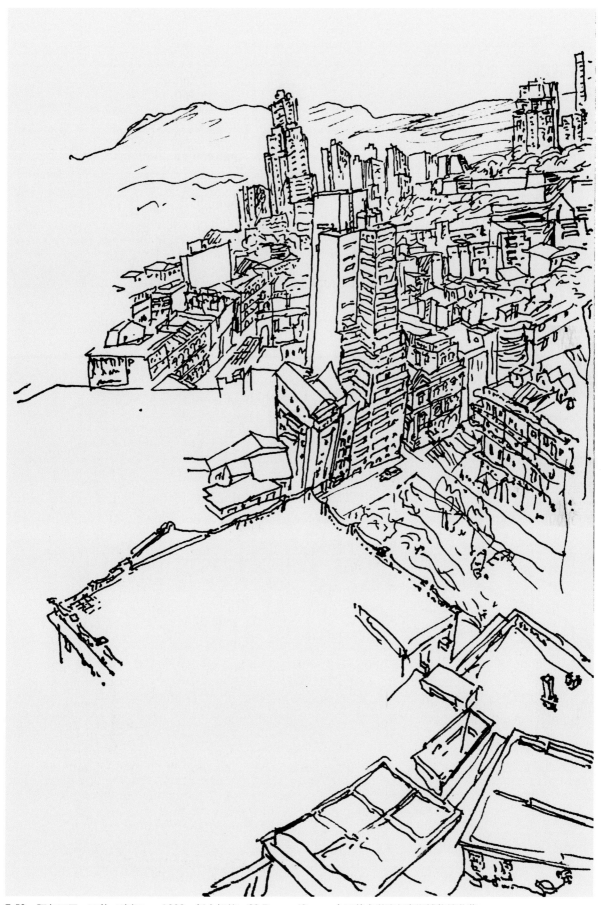

7-53 阿尔瓦罗·西扎《澳门》，1990，纸本钢笔，29.7cm×42cm，中国美术学院包豪斯博物馆收藏

7-54　阿尔瓦罗·西扎《巴塞罗那四门餐厅》，1990，纸本钢笔，42cm×29.7cm，中国美术学院包豪斯博物馆收藏

7-55　阿尔瓦罗·西扎《巴西里约热内卢》，1991，纸本钢笔，42cm×29.7cm，中国美术学院包豪斯博物馆收藏

7-56 阿尔瓦罗·西扎《古巴哈瓦那》，1992，纸本钢笔，42cm×29.7cm，中国美术学院包豪斯博物馆收藏

7-57 阿尔瓦罗·西扎《梵蒂冈圣彼得广场》，1994，纸本钢笔，42cm×29.7cm，中国美术学院包豪斯博物馆收藏

7-58　阿尔瓦罗·西扎《威尼斯圣马可广场》，1994，纸本钢笔，42cm×29.7cm，中国美术学院包豪斯博物馆收藏

7-59　阿尔瓦罗·西扎《马丘比丘的房子》，1995，纸本钢笔，42cm×29.7cm，中国美术学院包豪斯博物馆收藏

7-60　阿尔瓦罗·西扎《秘鲁利马》，1995，纸本钢笔，42cm×29.7cm，中国美术学院包豪斯博物馆收藏

7-61 佚名《欧洲旅行写生》，纸本钢笔，私人收藏

7-62　佚名《河边的街道》，纸本钢笔，42cm×29.7cm，私人收藏

7-63　希施金《农舍》，1878，纸本炭笔，私人收藏

7-64　叶列梅耶夫《威尼斯》，1982，纸本炭笔，48cm×36cm，私人收藏

7-65 叶列梅耶夫《有天桥的街道》，1988，纸本炭笔，29.5cm×23.5cm，私人收藏

7-66 奥列佛《老街》，1983，纸本钢笔，私人收藏

7-67 佚名《澳大利亚天使铁路入口》，纸本水墨，私人收藏

Street view in Konstanz, Germany.

Tony Sun 2008.

7-68　孙托尼《德国街头写生》，2008，纸本钢笔，私人收藏

7-69　波格索夫（俄）《莫斯科街头写生》，2009，纸本钢笔，29.7cm×42cm，私人收藏

7-70　佚名《海边民居写生》，纸本铅笔，私人收藏

7-71 佚名《巴黎拉德芳斯》，纸本钢笔，32cm×29.7cm，私人收藏

7-72　萨拉霍夫《城市风景一》，1970，纸本炭笔加油画棒，私人收藏

PAVIE.
25.10.
2012.

7-73　热拉尔·米歇尔《帕维尔街头写生》，2012，纸本钢笔加水彩，私人收藏

CARENNAC 18 Juil 14

7-74　佚名《村落里的小巷》，纸本钢笔加水彩，42cm×26cm，私人收藏

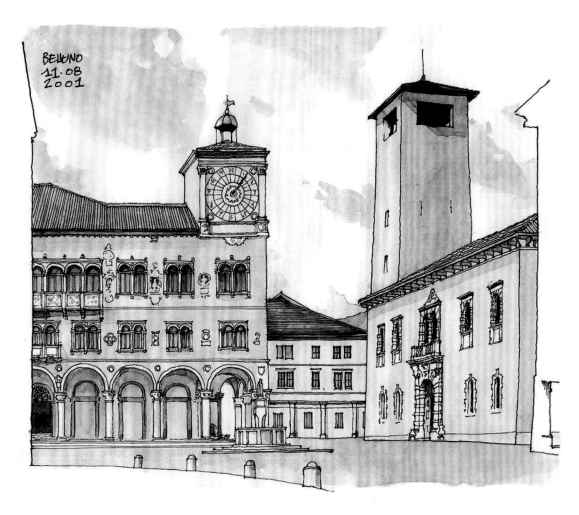

7-75 佚名《意大利小镇》，2001，纸本钢笔加水彩，29.7cm×36cm，私人收藏

7-76　法布里斯·莫里奥《阳光下的小镇》，2001，纸本钢笔加水彩，29.7cm×36cm，私人收藏

QUIMPERLÉ_ 11.05.2015
RUE MADAME MOREAU

7-77　佚名《别墅民居》，2001，纸本钢笔加水彩，29.7cm×36cm，私人收藏

7-78 奥列佛《意大利锡耶那》，纸本钢笔加水彩，私人收藏

7-79　奥列佛《英格兰坎特伯雷》，1982，纸本钢笔加马克笔，私人收藏

国内优秀建筑速写作品赏析

7-80　梁思成《佛罗伦萨吕卡蒂府邸》，1926，纸本钢笔，42cm×29.7cm，私人收藏

CHAPEL OF
S. PIETRO MARTIRE
MILAN
(ITALIA ARTISTICA)

7-81　梁思成《米兰小教堂写生》，1928，纸本钢笔，私人收藏

Santa Sophia
Constantinople

7-82　梁思成《君士坦丁堡的圣索菲亚大教堂》，1929，纸本钢笔，29.7cm×42cm，私人收藏

PALAZZO VENDRAMINI

VENICE.

7-83　梁思成《威尼斯文得拉米尼府邸》，1926，纸本钢笔，29.7cm×42cm，私人收藏

S. M. DELLE GRAZIE, MILAN

(VALERI)

7-84　梁思成《意大利米兰旅行速写》，1926，纸本钢笔，42cm×29.7cm，私人收藏

S.M. DEI MIRACOLI

BRESCIA.

7-85 梁思成《意大利布雷西亚旧教堂》，1926，纸本钢笔，42cm×29.7cm，私人收藏

7-86 童寯《德国马格德堡大教堂》，纸本铅笔，42cm×29.7cm，私人收藏

7-87 童寯《德国尼恩贝格菜市》，纸本铅笔，42cm×29.7cm，私人收藏

7-88　童寯《奥地利萨尔茨堡街景》，纸本炭笔加彩，42cm×29.7cm，私人收藏

7-89 童寯《牛津街景》，纸本炭笔，42cm×29.7cm，私人收藏

7-90 童寯《英国伦敦圣保罗大教堂内部》，纸本炭笔加粉彩，42cm×29.7cm，私人收藏

7-91 童寯《意大利佛罗伦萨旧宫》，纸本炭笔加彩，42cm×29.7cm，私人收藏

7-92 童寯《奥地利萨尔茨堡山居》，棕色纸粉彩，42cm×29.7cm，私人收藏

7-93　童寯《英国牛津住宅群》，纸本炭笔，42cm×29.7cm，私人收藏

7-94 童寯《英国坎特伯雷大教堂》，纸本炭笔，42cm×29.7cm，私人收藏

7-95 杨廷宝 DOCHKNN MOHaCTbIPb MOCKBA，1956，纸本钢笔，42cm×29.7cm，私人收藏

TEXCO CATHEDRAL
1963·10·18

7-96 杨廷宝 *TEXCO CATHEDRAL*，1963，纸本钢笔，42cm×29.7cm，私人收藏

7-97 杨廷宝《苏州北寺塔》，1979，纸本铅笔，42cm×29.7cm，私人收藏

7-98 高冀生《千塔之城布拉格重游》，纸本钢笔，42cm×29.7cm，私人收藏

7-99 吴冠中《江南小镇》，1982，纸本钢笔，42cm×29.7cm，私人收藏

7-100　吴冠中《云南洪河》，1985，纸本钢笔，30cm×25cm，私人收藏

7-101　吴冠中《中国香港李节街》，1990，纸本钢笔，30cm×30cm，私人收藏

7-102　吴冠中《云南小镇老街》，1993，纸本钢笔，27cm×19cm，私人收藏

7-103 吴冠中《黟县宏村》，2001，纸本钢笔，30cm×30cm，私人收藏

7-104　陈丹青《西藏写生》，1980，纸本铅笔，29.7cm×35cm，私人收藏

7-105　陈丹青《拉萨大昭寺》，1980，纸本铅笔，，29.7cm×35cm，私人收藏

7-106 陈丹青《布达拉宫》，1980，纸本铅笔，37cm×29.7cm，私人收藏

7-107　于小冬《八廓街黄屋子》，1998，纸本钢笔，29.7cm×42cm，私人收藏

7-108　周刚《南浔写生》，1995，纸本钢笔，29.7cm×42cm，私人收藏

7-109 周刚《永定土楼写生》，1995，纸本钢笔，29.7cm×42cm，私人收藏

7-110　周刚《南浔写生》，1992，纸本钢笔，29.7cm×42cm，私人收藏

7-111 夏克梁《安徽黟县宏村》，2008，纸本钢笔，29.7cm×42cm，私人收藏

7-112　夏克梁《旅行速写》，2008，纸本钢笔，29.7cm×42cm，私人收藏

7-113　陈威《徽州唐模临水长廊》，2017，纸本毛笔，29.7cm×42cm，私人收藏

7-114　陈威《楠溪江古民居》，2017，纸本钢笔，29.7cm×42cm，私人收藏

7-115 陈威《黟县卢村民居小巷》，2018，纸本钢笔，42cm×29.7cm，私人收藏

7-116　陈威《黟县关麓古民居》》，2018，纸本马克笔，29.7cm×42cm，私人收藏

7-117　相毅敏《曼滩人家》，2016，纸本钢笔，29.7cm×42cm，私人收藏

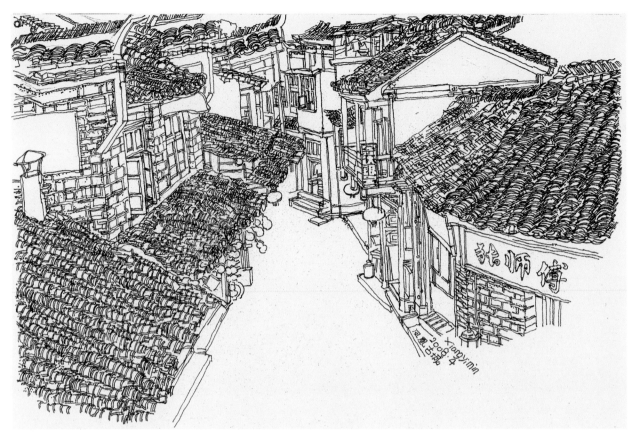

7-118　相毅敏《凤凰古城》，2008，纸本钢笔，29.7cm×42cm，私人收藏

7-119　佚名《老街速写》，纸本钢笔，29.7cm×42cm，私人收藏

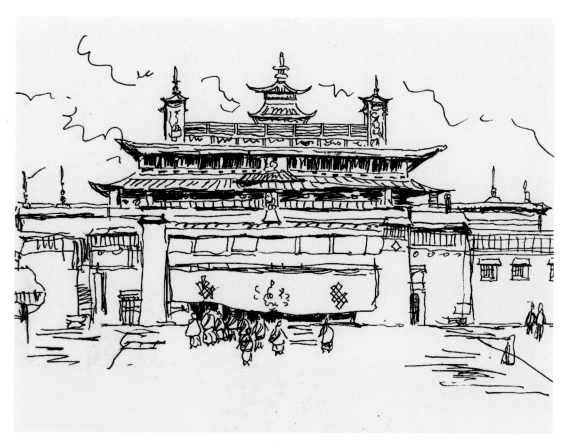

7-120　佚名《藏传寺庙》，纸本钢笔，29.7cm×42cm，私人收藏

7-121　佚名《树丛中的建筑》，纸本炭精条，29.7cm×42cm，私人收藏

77-122　张也《藏族聚居区写生》，2013，纸本钢笔，42cm×29.7cm，私人收藏

7-123　连达《山西应县木塔》，纸本钢笔，42cm×29.7cm，私人收藏

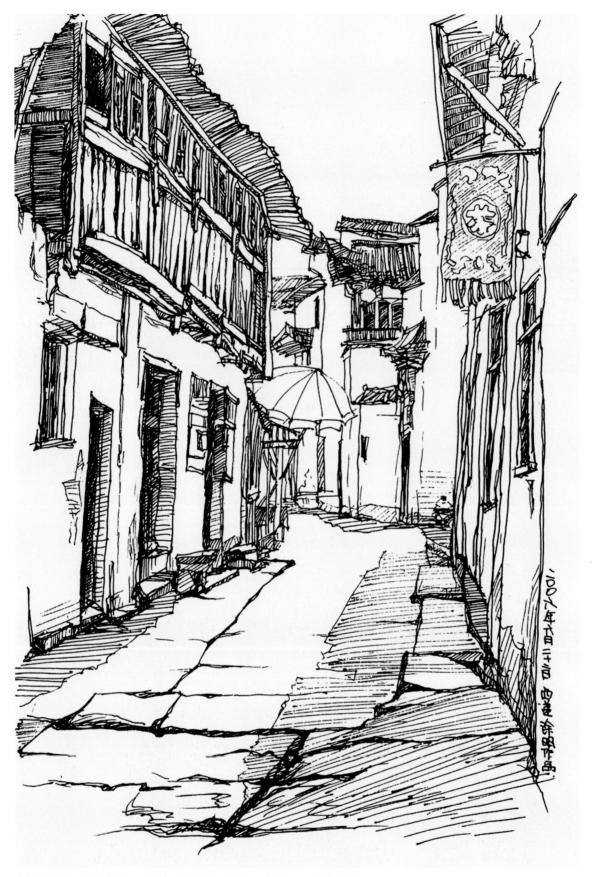

7-124　徐明《西递小巷》，2006，纸本钢笔，42cm×29.7cm，私人收藏

7-125 周雯珏《上海外滩》，2012，纸本钢笔，29.7cm×42cm，私人收藏

7-126 郑熙融《上海街头》，2016，纸本钢笔，29.7cm×42cm，私人收藏

2011.4

7-127 边如晨《阳光下的老街》，2011，纸本钢笔，42cm×29.7cm，私人收藏

7-128　董玮奇《永定土楼写生》，2011，纸本钢笔，42cm×29.7cm，私人收藏

7-129　徐可箐《阳光下村里的小道》，2017，纸本钢笔，42cm×29.7cm，私人收藏

7-130 赵玉洁《永定土楼写生》，2011，纸本钢笔，42cm×29.7cm，私人收藏

7-131　谢庭苇《上海的老房子》，2011，纸本钢笔，42cm×29.7cm，私人收藏

7-132　何箫然《楠溪江的民居》，2017，纸本钢笔，29.7cm×42cm，私人收藏

7-133　贺馨珏《老民居》，2015，纸本钢笔，29.7cm×42cm，私人收藏

7-134　徐可心《上海田子坊》，2016，纸本钢笔，42cm×29.7cm，私人收藏

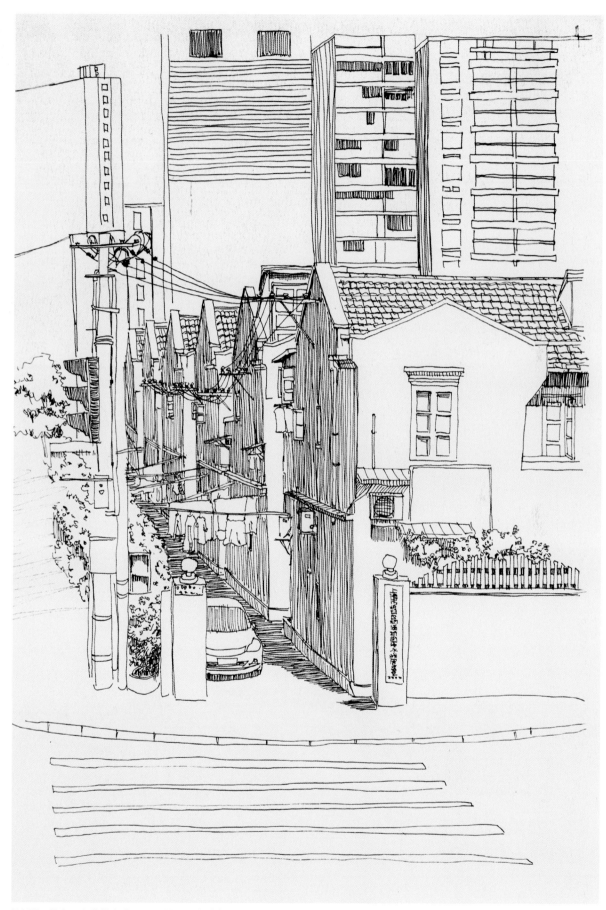

7-135 佚名《上海的老小区》，2014，纸本钢笔，42cm×29.7cm，私人收藏

7-136　佚名《上海里弄写生》，2013，纸本钢笔，42cm×29.7cm，私人收藏

7-137　孔彦君《楠溪江民居写生》，2017，纸本钢笔，29.7cm×42cm，私人收藏

7-138　苗蕾《楠溪江老房子》，2017，纸本钢笔，29.7cm×42cm，私人收藏

7-139　佚名《从窗户看外面》，2015，纸本钢笔，42cm×29.7cm，私人收藏

7-140　戚笑玮《印象外滩》，2009，纸本钢笔，29.7cm×42cm，私人收藏

7-141　佚名《上海外滩建筑》，2012，纸本钢笔，29.7cm×42cm，私人收藏

7-142 韦霖悦《象山校区五号楼》，2010，纸本钢笔，42cm×29.7cm，私人收藏

7-143　吴昊文《永定土楼写生》，2011，纸本钢笔，42cm×29.7cm，私人收藏

7-144 孙鸿斐《远眺黄浦江》，2009，纸本钢笔，29.7cm×42cm，私人收藏

7-145　连诗瑶《上海老场坊》，2015，纸本马克笔，28cm×32cm，私人收藏

7-146　孙鸿斐《中国美术学院象山校区写生》，2009，纸本钢笔，42cm×29.7cm，私人收藏

7-147 孙鸿斐《中国美术学院象山校区写生》，2009，纸本钢笔，42cm×29.7cm，私人收藏

7-148　徐露《上海提篮桥老民居》，2014，纸本钢笔，29.7cm×42cm，私人收藏

7-149　叶冬松《永定土楼写生》，2011，纸本钢笔，29.7cm×42cm，私人收藏

7-150　叶冬松《永定土楼写生》，2011，纸本钢笔，42cm×29.7cm，私人收藏

7-151　徐清妍《楠溪江的老房子》，2017，纸本炭笔，42cm×29.7cm，私人收藏

7-152 佚名《蔡阳弄》，2011，纸本铅笔，29.7cm×42cm，私人收藏

7-153 聂梅《屋顶看建筑》，2014，纸本水墨，29.7cm×42cm，私人收藏

7-154 陈筱凡《黟县南屏古民居梁架》，2018，纸本马克笔，42cm×29.7cm，私人收藏

7-155　陈筱凡《中国美术学院象山校区水岸山居》，2017，纸本马克笔，42cm×29.7cm，私人收藏

7-156　陈筱凡《中国美术学院水岸山居屋顶》，2017，纸本马克笔，29.7cm×42cm，私人收藏

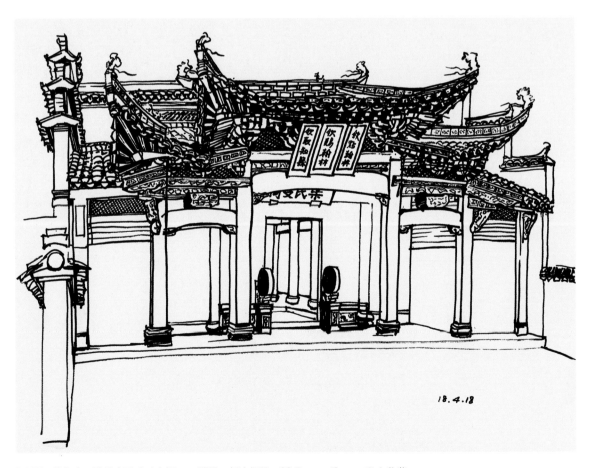

7-157　储立人《黟县南屏叶氏支祠》，2018，纸本钢笔，29.7cm×42cm，私人收藏

7-158　李嘉文《楼道》，2017，纸本炭精条，42cm×29.7cm，私人收藏

7-159　鲍铭泽《黟县南屏古民居里弄》，2018，纸本钢笔，42cm×29.7cm，私人收藏

7-160　张思妍《徽州古村落里弄》，2018，纸本铅笔，42cm×29.7cm，私人收藏

7-161　张思妍《祠堂门口看内景》，2018，纸本钢笔，42cm×29.7cm，私人收藏

7-162　何子畅《古民居里弄》，2018，纸本白笔，42cm×29.7cm，私人收藏

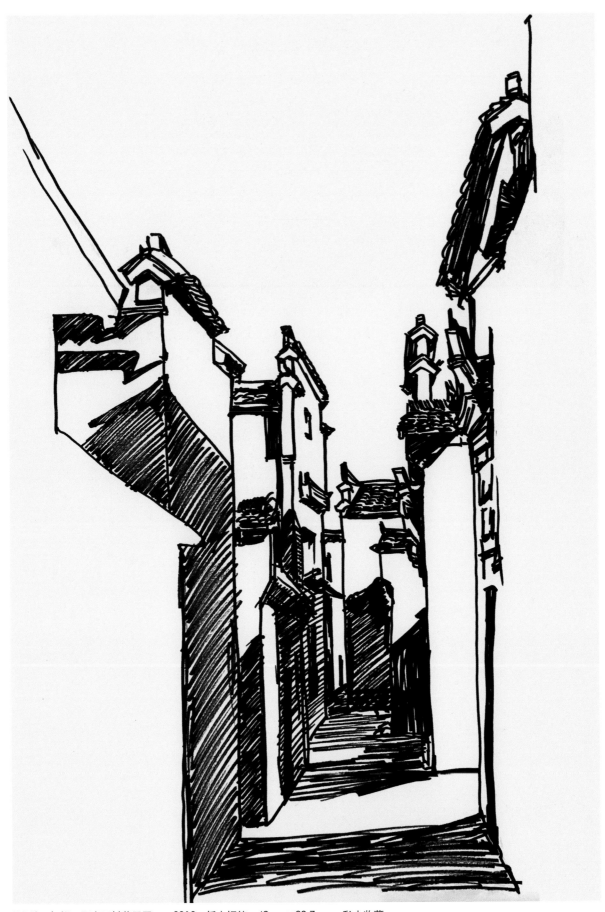

7-163 杨柳《阳光下村落里弄》，2018，纸本钢笔，42cm×29.7cm，私人收藏

7-164　吴昉音《老祠堂门口》，2018，纸本钢笔，42cm×29.7cm，私人收藏

后　记

　　这本教程的写作历经两年半，从 2015 年秋季丛书总编孙人老师发起召集，到 2018 年初修改完成。美院毕业后我留校任教至今已历十余载，一直也想对自己多年的教学成果进行一个梳理总结，此教程恰巧也圆了我的这个念想。教程的写作分两个阶段：第一阶段是用一年多的时间整理了过去十年来在建筑速写教学的积累，特别是历年的速写作业，完成写作的素材整理工作；第二阶段从 2017 年 4 月起到 2018 年 9 月底，进行比较深入的编写、排版和修改工作。美院对于手头功夫的推崇与讲究，一直是光荣传统，速写这门手头功夫也是画家和设计师安身立命之基础。我也是想将我多年来在建筑学院造型基础教学中的随想随感写出来，期望公诸同好。

　　作为建筑专业的造型基础教学，建筑速写教学一直有延续，但各个学校、各个老师对于速写教学的看法各有不同。建筑速写的地位在建筑专业教学中也一直不太受人重视，加上当今电脑的普及及应用，功利主义导致了手头功夫的训练更不受人推崇，老师教不出，学生也找不到建筑速写的门道；另外建筑速写的教学实践和方法论研究也比较缺失，真正宽泛的建筑速写教学比较少，所以现在建筑专业毕业的学生出手能画、会画建筑速写的极少，真正喜欢且能经常动手去写生实践的学生就更难见到了。这教程是我在建筑速写教学领域的一个探索性努力，我希望可以起到抛砖引玉的作用，让大家能重新关注建筑速写这一手头功夫的训练。市面上建筑速写的书林林总总，良莠不齐，但大多是带个人化风格的建筑速写教程，比较全面系统、有各种不同风格演绎的建筑速写教程比较少；其实对于风格，我个人认为它是把双刃剑，特别是对于刚入手学习的学生来说，过早地跟着某一种风格学并不好，因为你没有尝试各种风格形式去画、去实践，你怎么就知道你只适合这一种风格？

　　虽然现在时兴跨界融合，但设计和纯艺的边界并没有被打破，许多人一听建筑速写就天然的认为是建筑专业画的，这种想法就太狭隘了。我的这本建筑速写教程不仅仅是针对建筑专业的基础教学，我想更宽泛地去讨论研究建筑速写，因为不是只有建筑专业的人才画建筑速写，所以这本教程中的例图既有柯布西耶、西扎、梁思成等建筑大师的建筑速写作品，也有凡·高、毕加索、阿利卡、陈丹青等绘画大师的建筑速写作品，各自精彩，却相得益彰。如果你把建筑速写当作一幅幅作品而不是手稿去看，你的视野就会更高更宽阔。练手先练眼，视野宽阔了才能取长补短。

　　写作时间毕竟有限，难免存在许多遗憾。倘若要历数建筑速写手头功夫之高低或是如何修炼，则见仁见智。喜欢画画的人都知道，速写提高没有捷径，其在于眼的高低和手的勤练。希望这本教程能够对建筑速写的学习与教学起到一定有益的作用，也推动自己在以后的相关教学中继续前进。

　　最后唯一要做的就是，借着这几行文字对我的领导同事们和学生们深表感谢。感谢王澍老师、邵健老师在我工作上的支持和鼓励，感谢中国美术学院出版社对本项目的重视，感谢中国美术学院教务处"国美好教材"的立项资助以及丛书总编孙人老师的牵线搭桥、组织安排，感谢编辑老师的细心修葺，感谢本书中每一张作品例图的作者，感谢我的学生们精彩纷呈的速写作品。

但愿我的这本教程能为你在画建筑速写时带去些许启迪和帮助！感谢每一位购买这本书的朋友，祝福你们能在速写中找到属于自己的快乐！

陈威
2018 年于钱塘江畔

附 录

参考文献：

1. 奥列佛著. 奥列佛风景建筑速写 [M]. 杨径青、杨志达译. 上海：上海人民美术出版社，2003.

2. 宫晓滨著. 园林风景钢笔画 [M]. 北京：中国文联出版社，2002.

3. 陈新生著. 建筑速写技法 [M]. 北京：清华大学出版社，2005.

4. 赵锦杰主编. 孔祥彦 吕书芳编著. 风景速写教程 [M]. 合肥：安徽美术出版社，2017.

5. 李家友主编. 王炼著. 建筑风景速写全教程 [M]. 重庆：重庆出版社，2015.

6. 山田雅夫著. 建筑速写透视基础 [M]. 徐立译，上海：上海人民美术出版社，2016.

7. 陈新生著. 建筑速写技法 [M]. 北京：清华大学出版社，2005.

8. 伯纳德奇特著. 素描艺术 [M]. 曹意强、效营译，杭州：浙江美术学院出版社，1993.

9. 设计手绘教育中心编著. 建筑钢笔手绘快速表现实例教程 [M]. 北京：人民邮电出版社，2016.

10. 加布里埃尔·坎帕纳里奥著. 世界建筑风景速写：城市速写者的 创作与技巧 [M]. Coral Yee 译，北京：中国青年出版社，2013.

11. 姜亚洲、何燕著. 建筑速写心得 [M]. 北京：机械工业出版社，2008.

12. 南京工学院建筑研究所编. 童寯画选 [M]. 北京：中国建筑工业出版社，1980.

13. 南京工学院建筑研究所编. 童寯素描选集 [M]. 北京：中国建筑工业出版社，1981.

14. 南京工学院建筑研究所编. 杨廷宝素描选集 [M]. 北京：中国建筑工业出版社，1981.

15. 孙贵兵 胡胜钧 蔡琛刚 朱浩明编著. 徽派建筑风景速写 [M]. 合肥：安徽美术出版社，2016.

16. 陈聪、闫爱华编著. 大师建筑风景速写图典 [M]. 南宁：广西美术出版社，2015.

引证来源：

1. 奥列佛著. 奥列佛风景建筑速写 [M]. 杨径青、杨志达译. 上海：上海人民美术出版社，2003.42.53.57.83.96.

2. 李家友主编. 王炼著. 建筑风景速写全教程 [M]. 重庆：重庆出版社，2015.27.

3. 南京工学院建筑研究所编. 童寯素描选集 [M]. 北京：中国建筑工业出版社，1981.6.9.10.24.26.28.36.47.

4. 南京工学院建筑研究所编. 杨廷宝素描选集 [M]. 北京：中国建筑工业出版社，1981.32.34.

5. 陈聪、闫爱华编著. 大师建筑风景速写图典 [M]. 南宁：广西美术出版社，2015.31